原発禍を生きる

佐々木 孝

論創社

本書は先に行路社から富士貞房名で出版された『モノディアロゴス』、そして呑空庵版私家本『モノディアロゴスⅡ』～『モノディアロゴスⅤ』に続くものであり、その間たまたま遭遇した大震災・原発事故の渦中にあって書き継がれたものをまとめて一書とした。そもそも「モノディアロゴス（独・対話）」とは、著者のホームページにほぼ毎日連載されているものだが、読む人によっては単なる日録であったり随筆、雑感と思われるであろう。それに対して抗弁することはむつかしい。しかし作者（と敢えて言わせていただくが）の心積もりでは、まずはその言葉の生みの親であるミゲル・デ・ウナムーノの同名の文章群の顰《ひそみ》に倣ったつもりなのだ。ということはエッセイとか小説とかのジャンルを超えて、書き手の自由な自己表現の場としたということである。それが成功したかどうかの判定は、もちろん読む人それぞれの自由である。

文中、美子は元高校教師の妻、ばっぱさんは老母、頴美は中国籍の息子の嫁、愛は三歳になったばかりの孫を指す。

目次

二〇一一年五月

二〇一一年六月

二〇一一年七月

原発禍を生きる

■二〇一一年三月

無用の心配

三月十日

また寒さが戻ってきたようだ。昼ごろ、かなり大きな地震もあったし、どうもすんなり春になってくれそうもない。このところ、連日『モノディアロゴスⅣ』の印刷、製本に精を出してきた。時おりの激励の言葉に支えられて。しかし徒手空拳の感じは払拭できない。でもそんな折、思い起こすのはウナムーノのあの言葉である。

ここに残すのは、私の魂なる書物、
掛け値なしの私の人間性そして世界だ。
もし君が何かに強く心動かされるとしたら、読者よ、
君の中で心動かしているのは、この私だ。

美子が数日前から、坐るときも歩くときも、なぜか体を左に傾げる。手術した脊椎の具合が悪くなったのでは、と背中をさすってみるが、痛いわけでもなさそうだ。ともかく自分のことを言葉で説明

できないので、こちらで変化の予兆に気づいてやらなければならない。椅子に坐るときは、背中にクッションをあてがったりして様子を見ていたが、これ以上悪くなる様子はなさそうだ。ばっぱさんのグループホームに、認知症の進んだおばあさんが一人いるが、彼女は常に前屈みで心もち体を傾がせて小刻みに歩いている。美子もいつかああなるのだろうか。

そしていつか階段の昇り降りが出来なくなり、私たち夫婦の居間を一階に移さなければならないときが必ず来る。そのとき、排便や入浴は？　そんなことを考えて心が暗くなったが、しかし先のことをくよくよ悩んでも仕方がない。そんな折、川口の娘からメールがあり、次男が熱を出したがインフルエンザではなかった、でも来週卒園式を控えている長男にうつったらどうしよう、と書いてきた。その返事に、ことは為るようにしか為らないから、心配しないで、と書いた。そう、ことは為るようにしか為らない。おじいちゃんも覚悟を決めよう。

でもそのためには、こちらが丈夫でなければならない。最近はベッドや椅子から立ち上がらせるとき、かなりの力が必要になってきた。そんなとき腰を痛める心配がある。だから日ごろから体を鍛えておく必要がある。そんなことを漠然と考えていたからか、午後の散歩の代わりに（小雨がぱらついていたので）寄った百円ショップでゴム製のストレッチャーを買ってきた。でもこれどうやるの？「エクササイズのご使用例」の一つにこんなのがあった。

「脚部シェイプアップ＝椅子に坐って片脚を曲げ、チューブを土踏まずに掛け、反対側を両手で持つ。手の位置をそのままにして、ゆっくり脚を伸ばし、元に戻す」　おっとこりゃシェイプアップの方法だ。

でも少しは腰にいいかも知れない。

第一声！

三月十七日

一週間ばかり、まるで手足をもがれたような、いや舌を抜かれたような不自由さを味わってきた。地震とあの憎っくき原発事故のせいではあるが、その不自由感は、しかしそうした災害そのもののためというより、それによって引き起こされた（と思った）インターネット事故のせいである。つまり恥をさらすことになるが、インターネットそのものについての無知のため、インターネットが繋がらないのはＮＴＴのどこかの中継所が破壊されたためと思い込んでいたのだが、実は単純な接続事故だったことが分かったのである。

その単純なミスに気がついたのは、今日、地元出身で今は東京在住の友人大杉さんや、私のＨＰの世話をしてくれている喜彦君などとの電話の際、固定電話が繋がっているのにインターネットが繋がっていないというのはおかしいよ、との指摘を受けたからである。いそいで点検。するとハブの電源が切れていたことが判明。パソコンの初期画面（？）が映っていたことや、ハブと同じコンセントに繋がっているラジオが鳴っているので気づかなかったのだが、実はハブの電源が入っていなかったのである。おかげで一週間無駄にしてしまった。なんともお粗末な顛末なり。

それはともかく地震・津波の被害ばかりでなく、原発から二〇数キロのわが南相馬市の半分は屋内退避指定の地域。幸いわが家は家屋倒壊を免れて電気も水道も通る地域ではあるが、その地域の三万ばかりの住民のうち、八割は県内の三〇キロ圏外の地域や、新潟など他県の避難所に自主避難してしまい（その避難は今も続いている）、いまやわが家の周囲は音もなく無人の境と化している。この現況についても、つまり私が避難より屋内退避を選んで逼塞している理由……いやいやそんなことより、この見放されかかっている町の中でこの一週間溜まりに溜まった怒りや抗議、はたまた嗟嘆の声など、これから徐々に吐き出していくつもりである。覚悟めされよ！

なんとも腹立たしい！

三月十八日

今しがた（十八日夜九時半）ＮＨＫテレビを見ていたら、屋内退避地域へ運送業者たちが入りたがらない事態をどう考えますか、と聞かれた偉い先生（名前は知らない。なかなか格好いい若い男。後から調べたら関村直人東大教授）が「短時間の作業で、車の中や屋内にいるぶんには危険ではない」などとのたもう。この種の発言はもういやになるほど繰り返されている。そして続いて福島市で、ものものしい白い防護服で身を固めた数人の係員の前に、不安がって放射能の値を調べてもらう人たちが長蛇の列を作っている映像を流す。しかし公式に発表された、健康に「ただちに」（結果的にはさらに不安感を増幅させる不思議な副詞！）危険は無いらしいマイクロ何とかという数値からすれば、この南相馬市はその福島市の五分の一の数値しか示していないのである。

つまりアメリカはこの事態を終息させるために全面的に応援すると言うオマハ（だっけ？　あっオバマか）大統領が、自国民に八〇キロ圏外に避難するようにとのメッセージを同時に発信しているのと同じである。アメリカ人の場合は仕方がないとしても、当該地域にいる人間にとって、この種の発言ほど腹立たしいものはない。少なくとも現段階では、わが原町区や鹿島区に物資を届けに入ってきてもまったく健康被害は無いはずである。それをはっきり発信してもらわなければ、住民の不安や外部からくる人の不安をさらに増幅するだけである。

自衛隊？　やっぱ軍隊ではなかった！

昨日、空からヘリコプターで放水した自衛隊機見た？　高ーいところからふらふら小便を引っかけるような放水を四度やって早々に退散したみっともない自衛隊機。鉛の床を張り、完全防護の服で身を固めて行ったにもかかわらず、自衛隊の内規に定められた数値に達したから作業中止だと！　おいおいこれが軍人かい？　つまり強力無比な敵軍を前にして、進めばヤバイので、しかも勤務時間がきまっているので、ハイ今日はこれまで、といって戻ってくるの？　これ立派な敵前逃亡とちゃう？

私は軍隊なんて無用の長物、自衛隊なんぞ災害救助隊に編成しなおすべきと思っているが、その私でもこの腰砕けの、サラリーマン根性以下の「軍人」たちの体たらくに、情けなくてほんと涙が出てきますぞい。

危険な場所で百五十人の東電社員と協力社員（でしたか）が命がけで作業をしているというのに、この軍人たちの見上げた（つまり見下げた）態度！　協力社員？　きれいごと言うじゃない、要するに下請けの人たちだろ？　上級社員は社長以下すべて安全な東京から遠隔操作。前から言ってきたことだけど、もし騒ぎが収まって、原発再開を画策してるとしたら、社長以下すべての上級社員の家族は原発周辺に住むことを義務付けなければなるまい。そこまで安全を主張するなら、そんなこと当たり前でしょ！

さてこれを殴り書きしているわが家の周囲はまさに死の静寂に包まれている。市民の八割以上が、県内の三〇キロ外のところや、隣県の新潟などに避難したためだ。その避難はたぶん明日も続けられるであろう。そのとばっちりは、市内の病院や介護施設全般に及んでいる。わがばっぱさんがお世話になっていたグループホームでもスタッフの大半が避難し、わずか三人しか残っていない。そのため入所者を引き取ってもらえないかとの連絡。勿論そんなところにばっぱさんを預けておくはずもない。今日の午前中、車で迎えに行き、無事わが家に連れ帰った。これで安心。しかし冷静に考える私のような人間がこの町にせめて半分でもいれば、町の機能がこれほどまで壊滅しなかったはず。だれも言う人がいないが、はっきり言おう。これは立派な職場放棄。老人たちを残して自分の身の安全をはかったというわけだ。ばっぱさんを連れ帰るとき、二人のおばあさんと一人のおじいさんが私たち親子を羨ましそうに見ていた。明日あたりわずか数キロのところにある別の老人施設に移動させられるらしい。思わず一人ずつの両手を握って、安心して、またすぐ会えるから、としばしの別れを告げてきた。たぶん引き取るべき家族は今回の津波かなにかで引き取れなかったのだろう。でもこれって、ものすごく恥ずかしいことと違う？

まだ放射線でだれも被害を受けていないのに、移動途中たらい回しされて死んだ病人や老人たちがはや四、五十人も出ている。美子の母が世話になった施設の親病院では付き添いも無くたらい回しされた病人が何十人も死んだ。これって、だれも言わないけれど、立派な過失致死に相当する犯罪とちゃう？

これ以上書き続けると憤死してしまうから今はこのへんで止めときます。日本人は共助の精神ゆえに諸外国から尊敬されている？　実情は以上のとおりだ！

暫定的もしくは限定的信・不信について

三月十九日

今回の震災に関してさまざまな報道や見解や提言が飛び交っている。その全般についてコメントする用意はない。いまはただ一点について述べておく。

原発事故に関するさまざまな経過報告がなされ、そして具体的な数値などが公表されている。確かにある場合は現状報告のスピードが遅い、いや遅すぎる。しかし被害現地にいる者としては公表されたものを先ず信じるしかない。というよりあえて信じるべきだとさえ思っている。

私自身は日ごろから政治や国のあり方については批判的な人間である。原発に関しては、当初から絶対反対を唱えてきた。東電はもちろん設置市町村の長たちの姿勢を厳しく批判してきた。しかし避難所にいる一人の市長は今になって東電に対して怒っている、などと泣き言を言っている。しかし私からすれば、原発設置やその維持を積極的に推進してきたおのれの不明を、いや過誤をまず反省すべきではないか。周囲の批判に耐えながら設置反対の姿勢を貫いてきた少数派の市民や町民におのれの不明をまず詫びるべきではないか。

わが南相馬市の現状に関しては、政府や国の公的機関に対する不信が底流していることを認めざるを得ない。つまり日ごろは為政者たちに何の批判も加えずに、悪く言えば盲従してきた圧倒的多数の「善良な」市民たちが、この危機的状況にあって不信感を顕わにし、そしてその不信感のもとに行動したという事実である。つまり屋内退避地域の大多数の人間が、その指示を疑い、そして現在の通信機器から得るまことしやかな「真実」の方を信じたわけだ。放射線測定値は偽の数値で、実はもっと危険度が高い数値を隠している、だからまず遠くに逃げなければ、などと判断したわけだ。

私は昔なら「非国民」と言われかねない意見をずっと表明してきた人間である。しかし今回のことでは（暫定的かつ限定的に）公的見解や発表されてきた数値などを「信じ」ている。屋内退避の指示に従ったことによって、万が一命を落とすことになったら、世の終わりまで何万回でも「化けて」出て、為政者たちを呪い殺すつもり（あゝ恐ろし！）である。

昨夜の文章の中で、職場放棄という少々きつい言葉を使ったが、緊急の場合に自分の命を守ることは許されるのでは、と思われた方もあったかと思う。もちろんである。愛する妻や孫の命が救われるならわが身を犠牲にしてもいいと思っている私でも、例えば濁流にもまれたときなど、ついわが身の保全を本能的に選択することはじゅうぶんありうると思っている。しかし今回の南相馬市の場合、そうした危険度の高い状況にはなかったのである。もちろん病院や施設のスタッフの中には、津波被害でわが家を失い、家族を失った人もいよう。そのスタッフが残された家族と一緒に避難するのは当然の行為である。私が言ったのは、わが家の場合のように家屋倒壊を免れ、電気や水道も確保された状況の中で、すでに述べたような「不信」あるいは「風評」に狼狽して、病人や老人たちを見捨てた人たちのことを言ったのである。

もちろん事態が収まったとき（あゝそうなったらどんなにいいことか！）、あのときだれとだれがそのような行動に走ったか、など詮索するつもりも非難するつもりも毛頭ない。だれもが前述したようなのっぴきならぬ状況の下での苦渋の選択をしたと「信じる」つもりである。

ただ願うのは、事態が少し好転して、外部から善意のボランティアたちが駆けつけてくれる前に、彼あるいは彼女たちが一分でも早く職場に復帰して、施設の再建に全力を尽くしてくれることだけである。

時々刻々の記録

三月十九日　午後一時

ちょっと前、来意を告げる電話に続いて小学六年のとき以来の友人西内君が大量の食料を持ってきてくれた。彼も、身重のお嫁さんを伴って避難していった他の家族とは別行動をとって、ひとり留守宅を守っている。つまり彼の家の周囲には老人たちが多く、その人たちの世話をするべく、区長さんとしての責任を果たすためである。この幼友だちの見上げた行動に脱帽。彼にはスペイン語教室その他でも日ごろからお世話になっている。食料の中には、愛のためのアイス・クリームなど五、六個も混じっていた。

風は強いが（幸い北西からの風）、外には明るい春の陽が輝いている。しかし近所からはまったく音が聞こえてこない。大災害に遭った、そしてそれがまだ続いている町にはどうしても思えない長閑さである。

ありがたいことに、嫁の顥美が作って持ってきてくれた温かくて美味しい昼食を食べ終わったところである。二階は私たち夫婦だけだが、下の居間ではばっぱさんが可愛い曾孫の愛たちと一緒に食卓をかこんでいるはずである。ふと避難所での集団生活のことを想像してみる。避難していたら、と想像するだけで身震いしそうになる。

「遅れをとる」ということ（三月十九日　午後四時）

思えば、これまで何度も遅れをとってきた。小さいころのことを言えば、旧満州で敗戦の噂が熱河省の灤平《らんぺい》という辺地にまで伝わってきたとき、町中の日本人が色めきたって駅に駆けつけ、折りよく都合できた貨車で大挙して避難行を始めたとき、ばっぱさんは（すでに一年数ヶ月前に父は病死していた）当時朝陽にいた弟の一家と合流すべく、翌朝出発する省公署のトラックで遅れて避難する腹を決めていた。結果的に言えばそれが幸いした。先発した日本人たちは途中悲惨な目に遭ったそうだから。だから今回、もしばっぱさんが状況をはっきり理解していたとするなら、私と同じ決断をしていたはずと確信している。そのばっぱさん、夢にまで見たわが家での生活に戻れて、幸せそうに曾孫の愛と遊んでいる。

次の遅れ。それは高校時代、たしか学年末試験の直前だったか、ある朝いつものようにカバンを提げ高歯を履いて学校まで行くと、みな必死に鎮火後の校舎を片付けていた。隣町から通っている同級生までが、母校の火事のことを聞きつけ馳せ参じていたのだ。実にバツの悪い思いをしたものだ。

大学時代、六〇年安保闘争の真っ只中、ある日の夕刻、代々木初台の学生寮に戻ると、賄いの小母さんはじめ寮生が一人もいない。おかしいな、と思って掲示板を見ると、今夜は安保反対のデモに参加するから、各自自分で夕食をとってください、との貼紙があった。時代にひとり取り残された感じを味わいながら冷たい夕食をひとり淋しくとった。

いやいや数え上げればその種の遅れはきりが無い。あるものは面目ない遅れだが、あるものは「遅れた」ことによって事態がよりはっきり見えてきただけでなく、結果的に幸いしたこともある。さて今回の「遅れ」はそのどちらだろう。これこそまさに「予断を許されない」ことである。

緊急発信いくつか

愚かしい限りの病人搬送（三月十九日　午後十一時半）

いまＮＨＫテレビは、南相馬市の病院や老人介護施設が次々と県外そして圏外（つまり原発より三〇キロの外）への病人や高齢者の搬送を始めていることを報道している。屋内退避指示ゾーンが示されているにもかかわらず、県など地方行政機関が次々とこのような指示を出しているわけだ。しかし現段階にあって、ベストの選択は、圏内に留まって、国や県に対して、医師やスタッフ、さらに薬品や食料を早急に補給するよう強く求めることなのだ。

住み慣れた施設、使いなれた器材を使って従来どおりのサービスが受けられるよう国に求めるべきなのに、県や市町村は国の施策に対する不信のあまり、次々と「自主避難」の道を選んでいる。つまり国は、そうした県知事や市町村長に対して、早急に人的・物的援助を行なうから、当該地域の病院や老人介護施設は避難することなくそのまま留まるよう強く説得すべきなのだ。

だれも言わないのではっきり言おう。いま各地の避難所にいる避難民（！）のうち、おそらく一割は、例えば南相馬市からの避難者のように、家屋も損壊せず電気や水道も通っているわが家を見捨てて過酷な避難所生活に入っているのである。もっとはっきり言えば無用な避難生活を選んでしまった人たちなのだ。差し障りがあるので、そして非難するつもりもないので具体的な話はしないが、私の知っている或る人は、この無用の生活を選んでしまった。高齢で病身であるにもかかわらず、そして家屋損壊もなく、電気・水道が通っているわが家を離れて、たとえば三〇キロ圏外をわずか逸れた町の体育館で不便きわまりない避難生活をしている。

あの三重のサークル（！）の魔術にひっかかってしまったのだ。つまりその人が避難生活を送っている場所は、この南相馬市より放射線の測定値が六倍もある場所なのに。笑うに笑えないケース。似たような事例は、私の周囲で数多く起こっている。

確かに食料や生活必需品が底をつくのでは、という現実は恐怖心を煽る。しかし親鳥が餌を運んでくれることを信じて、精一杯口を開いて鳴く小鳥たちの図を思い浮かべて欲しい。一羽より二羽、多ければ多いほど声が遠くに届く。なのに巣から次々と逃れ出ていく小鳥たち。

いやいやもっとはっきり言おう。私は今回の事故が最悪の局面を迎えたら、あるいはそこまで行かないとしても、放射線被害は東京を含めた東日本全体に及ぶと考えている。つまりその事実に対する覚悟を決め、次いでそこから逆算をすればいいわけだ。気持ちがずっと落ち着く。言い方を換えれば腹が据わる。つまり危険度がそう大して違わないちっぽけな範囲を右往左往するの愚を犯さない。

太平洋戦争のあの戦禍を体験した日本人なのに、どうしてこれほどやわな精神の持ち主、付和雷同の民に成り下がってしまったのか。実に情けない！

半ば冗談に思っているのは、私の一家が県や市の行政組織から見放された場合、このブログを読んで下さっている方々に、自衛隊などのヘリコプターを派遣するようぜひ働きかけてもらいたい。南相馬市の佐々木一家が救いを求めているから至急救援ヘリを飛ばして欲しい、と。

そのとき、つまり救助の自衛隊員が来たとき、九十八歳の老母はともかく、まだ体力が残っているこの私も、まるで瀕死の病人のようにぐったりした姿で（これ演技です）、たくましい自衛隊員の背におぶさって、貸切のヘリ（そういえばまだ乗ったことが無かった、これはいい機会！）で救出されるつもりだ。今まで貢いだ税金の還付金と思って大威張りでさ。

いやいや冗談じゃなくそのときは皆さん、よろしくお頼み申します！

三月二十日　午後十時三十分

どこからかは聞き漏らしたが、今日一人の業者がトラックでやって来て、町のほぼ中央にある広場に何トン（？）かの野菜を置いていったそうだ。それをテレビで知ったときはかなり時間が経っていたので、今回はありつけないだろうとあきらめていたところ、あの西内君がダンボールいっぱいの新鮮な野菜を届けてくれた。いるんですなーこういう無私の人が。

たくさんの方から励ましのメールや電話がとどいて、本当に勇気づけられている。今朝は朝日新聞の福島総局と連絡がつき、私の主張を聞いていただいた。たぶん地方版だと思うが、明日あたりぱっぱさんや愛の写真入りで記事になると思う。また夕方、東外大大学院で教えた古屋雄一郎さんのご尽力で東京新聞の佐藤記者から電話で取材を受け、この方もたぶん明日あたり、同じく写真入りで記事になるはず。私のところにはいずれも届かないが、皆さん、お目に留まったら読んでください。

本当は今晩も続けて書くつもりだったが、さすがに疲れました。これで失礼します。早く平和な日常が戻ってきますように！

三月二十一日　午後二時十分

いま日付を見て震災から十日経っていることに正直びっくりしている。今朝の朝日新聞を見て、たくさんの人からメールをいただいている。その方々にはこんなお返事をさし上げている。

「力強いエール、ほんとうにありがたいと思います。どうぞこれからもよろしくお願いいたします。新聞だけでは哀れな小鳥の姿しか伝わらなかったようですが、本当はブログにあるように、大いなる勇気（ハッタリ?）とかなりの量の怒りを糧にしながらがんばってます。どうぞブログが出来るだけ多くの人に読んでもらえますよう、ご尽力下さい。そうしたら小鳥の声がもう少し野太く響くでしょうから。お願いいたします。ではまた。」

上の言葉に今付け加えるとしたら、こんな言葉である。

「食料などのことご心配いただき本当にありがたく思います。私たちのところまではまだのようですが、徐々に物が届きつつあるようです。わが家ではまだ数日の余裕がありますが、いざというときには親戚やご近所の留守宅に押し入って（?･）、米びつなどから調達してくるつもりです。お帰りになったときに、丁重なるお詫びとお礼の言葉とともにお返しすればいいんですから。いや、そう考えると、この籠城生活はまだまだ持ち堪えられます。ともあれ、それでもヤバくなったらＳＯＳを発しますから、すぐ近くの原町第二小学校校庭に食料を投下するよう、皆さまからしかるべき筋（？）にご連絡方お願い申し上げます。ではまた。」

事故発生から一週間ほどは、居間の電気やテレビをつけっぱなしにし、私自身はほぼ着の身着のままで寝てましたが、昨夜は久し振りに風呂に入りました。恥ずかしい話ですが、以前は毎日入っていた風呂も家内の介助をしながら入るのはなかなかきつくなり、ここ一年ほどは（いや正直に言うとここ二年）一週間おきに入ってました。幸い脂性ではないものですから（？）、衛生上どうってことはありません。ですから震災前の最後の入浴から数えてみれば、もう二週間入っていないことになります。避難所の人たちが入浴しているのをテレビで見て、昨夜やっと入る気になったわけです。でも地震前から痛みはなさそうですが極端に歩行がおぼつかなくなった妻を入浴させる自信はなく、妻は今晩あたりお湯で絞ったタオルで体を拭いてやるつもりです。見苦しい話で恐縮です。

ここからちょっとまじめな話。震災後からテレビを見続けていたが、今はもうほとんど見ないことにしている。時おり環境汚染を示すデータに気をつけているくらいである。ともかく今やマスコミをはじめ、日本中が集団ヒステリー症状、そこまで行かないとしても安っぽいセンチメンタリズムに陥っている。私のように奈落（とは大げさ、つまり被害現地）から見上げていると、ほんと胸糞が悪くなる。何々の専門家がしたり顔にコメントをのたもう。こちらからすれば、じゃそんなことを言うんだったら即刻テレビ出演をやめてそのご立派な意見をしかるべきところに行ってしっかり進言しなさいよ、と言いたくもなる。

司会者などさも深刻な顔を作って、屁にもならない（下品でごめんなさい！）ことをしゃべっている。ほんと、奈落の底（やっぱ大げさ）から見ると、いまテレビなどで飛び交っている言葉がどれほど軽佻浮薄なものかが良く見える。でもこんなことを言っていると健康に悪いのでこの辺でやめよう。ではまた。

三月二十二日　午前十一時二十分　曇り

今朝、佐藤直子記者が書いてくださった記事をネットの「東京新聞」で読む。私の言いたかったことが過不足なくまとめられていることを嬉しく思う。

たくさんの方々から応援のメッセージを頂き、本当に力づけられている。もちろん中には「戦場特派員」然と突っ張っていないで避難しろ、というありがたい（！）勧めも混じっている。このブログをしっかり読んでいただければ分かることだが、私にはそんな気は毛頭なく、また「あえて危険を選んで」いるのでもない。

ともかく私の言いたいことは今のところほぼ言い尽くしたので、今さら戦場実況報告なんぞを続ける積もりはない。私のメッセージが多くの人の心に届きますように！　また書きたいことが出てきたときに書きます。皆さん、ありがとう！　共にしたたかに生き抜きましょう！

三月二十二日　午後十一時二十分

テレビを点けると、まるで出来の悪い生徒がホームルームの司会をしているような不安院、おっと間違えた保安院、の記者会見。しっかり準備して（といってデータの捏造はいけませんぞ）会見に臨んで下さい。でなければ不安になるだけ。もちろんすぐ別のチャンネルに換えますが。久し振りにパジャマに着替えて寝ましょうか、今晩は。おっと書き忘れるところでした、今日午後六時の南相馬市の環境放射線値は一・七六マイクロなんとかだそうです。ありがたい、下がってますなあ。

三月二十三日　午後四時

実はひそかに心配していたのは、私の持病の薬（何であるかはヒミツ）とばっぱさんの薬（特に持病というほどのものではないが）のことであった。それで何人かの友人に災害時の特例として事情を話して薬局で薬を購入してもらえないかお願いしていた。ところが、ここに何度も登場願っている西内君がまた食料を届けに来た折、いつもかかっているクリニックの医師が戻ってきたとの朗報を得たのである。あゝありがたい！

また十和田にいる兄が佐川急便で送った荷物が隣町の相馬市営業所まで来ているのに届けないでいることを知り、営業所にかけあうより本社（どこか知りませーん）に、朝日新聞と東京新聞で記事になっている者（?）だが、事態が終息したときに非難にさらされないよう、極力善処方を頼む、とメールした。新聞の威力てきめんでしょうか、先ほどその営業所から連絡が入り、何とか届けるとのこと。こういうことなんですわ。ですから皆さん、皆さんのメールやインターネットは威力ありますよ、どうぞ事態の正常化に向けて通信機器を最大限使いましょう。重ねてお願いいたします！

三月二十四日　午後五時

先ほど、町に戻ってきた石原医師からばっぱさんと私の二週間分の薬をもらってきた。さっそく市内の病人を往診している彼の話によると、市民たちが少しずつ町に帰ってきているそうだ。彼は明日から、残っている数少ない医者たちでチームを作り、市民の健康を守る運動を始めるという。ばんざーい‼

ただクリニックからの帰途、飼い主に置いていかれたと思われる一匹の白い老犬が、町を彷徨っていた。騒乱の中で被害を受けるのはいつも病人、高齢者そして動物なのだ‼

今これを書いている部屋から外を眺めると美しい夕焼けが空いっぱいに広がっている。自然は残酷だが、またなんと美しく、そして荘厳なものか！

ところで皆さんに心からなるお願い一つ。ツィッターでもケータイでもなんでもいいです、三〇キロ・ラインの呪いに怖れをなして、すぐ隣町まできた荷物をこの南相馬市まで配達しないという実に馬鹿げたことをやっている日本郵便、そしてクロネコや飛脚に抗議の声を発信してください！　日ごろからサービスを売りにしている会社が、こんな情けない態度のままでいることに怒りの声を届けてくださーい。お願いします。

三月二十五日　零時四十分

久し振りに、とりあえずの安心感に包まれて寝につこうと思っていた矢先、変なニュースが入ってきた。枝野官房長官（でしたか?）が、屋内退避区域にも、放射線の危険という意味ではなく、物資不足という意味から避難勧告を検討中というニュースだ。冗談じゃない！　現にこの町の住人は不自由な避難所あるいは一時身を寄せていた知人・親戚の家からわが家に戻る人が増えている。また市役所に頻繁に出入りしている畏友西内氏の確かな情報に拠れば、市役所にはすでに一万人分を越える食料が到着している。枝野さんはこういう現地の実情を知っているのだろうか。第一、だれにもすぐ分かることだが、新たに避難場所を確保し市民を移動させるより、物資搬入に関して国が運送業者などに強く要請する方があらゆる点で数倍も賢い方法であろう。というと……こうした発言の裏には「真相」が隠されているのでは……、原発の被害は実はもっとヤバイものになってきたのでは……、という疑いが生じるのは当然の成り行きである。

だから枝野長官の記者会見と一緒にそうした「真相」を伝えてくれた人に、こう返事した。失礼だが、あなたも現場にいる切羽詰った当事者の心をまだご存じないようだ。私たちにとって、そうした「真相」ほど実は怖ろしいものは無い。現にこの町に起こったことは、まさにそうした「真相」が一人歩きし、肥大化したことから生じたのだ。どうぞそういう「真相」を教えてくださるなら、まずその「真相」の真相を探ってからにして欲しい、と。

いまのところ、一時間毎に発表されている環境放射線測定値や飲用水放射能測定結果、さらには東日本全体の風向き（これが実はもっとも重要！）を絶えずチェックした上で、私としては枝野長官の言葉に裏はないのでは、ただいささか賢明さに欠けた浅はかな見解なんだろうな、と思っている。

だからここで皆さんにお願いしてきた日本郵便や運送会社各社への抗議と同時に、いやそれより先に、現状打開策に行き詰まっている政治家や政府諸機関への要請というより抗議をすべき時になったのかな、と思っている。どうでしょう、みなさん。

ともかくこちらがダウンしたら、事態はいよいよおかしくなるので、今晩はともかく寝ます。皆さんおやすみなさい。明日、いやもう今日になった、元気でお会いしましょう。

三月二十六日　午前八時

お早うございます。皆さん、お元気ですか。私は本当の（?）被災地で今この瞬間にも大変なご苦労をされている方々には申し訳ないのですが、久し振りに昨夜はゆっくり寝ました。恥ずかしながら、セーター、ズボンを穿いたままでしたが。さて窓外を見ると、少し寒そうですが以前と変わらない長閑で平和な光景が広がってます。

例の環境放射能測定値ですが、当南相馬市ではずっと連続して下がって、今朝の七時現在一・一八マイクロシーベルトです。ちなみに県知事が奮闘遊ばされている県都はその三倍の三・九七です。もちろんこれで安心することなく、今後もずっと見守っていきます。

オデュッセイア号の船出

三月二十七日

屋内退避地域に指定されているわが南相馬市が、いまや自主避難を促されている地域になったとか、ならなかったとか、実は良くは知らない。知る気にもならない。さんざん翻弄され、愚弄され、結局は突き放された（ある人はこれを政府の責任逃れのためのアリバイ工作だとおっしゃる）ことに、もはや怒りを通り越してあきれ果てて物も言えないからである。

だが幸いなことに、私たちの願いが功を奏し始めたのか、わが家から近いセブン・イレブンが店を開け、わが家のすぐ裏の産婦人科病院（孫の愛誕生の病院）の医師が一時避難から戻って妊婦さんたちを守っている、という明るいニュースが流れ始めた。そして今夜十時現在の南相馬市の環境放射能測定値がさらに下がって一・一二である。すべてを勘案して、正常化へ向かって少し光が射し始めたのかな、と思っている（いやいや甘い甘い）。

ところでこの「モノディアロゴス」、震災前までは一日平均一五〇ほどのアクセスがある、極めて個人的なものであったのだが、この大震災を機に現在のような、多いときは一日五千近くのアクセスがある半ば広場の掲示板のようなブログとなってしまった。私の考えに共鳴はしなくても、少なくとも関心を持ってくれる人が増えたことは嬉しいのだが、正直なところとまどっている。事態が沈静化に向かうにつれ（いやいやそれはまだまだ先の話だが）、訪問者は次第に少なくなっていくだろうが、顔の見えない群衆に身を曝しているという感じは拭えない。

それで、今晩は、一休止の意味で、ごく個人的な報告をさせていただく。今日の昼前、とつぜん玄関のインタホンが鳴って、十和田でカトリックの神父をしている兄の声が聞こえてきた。道路が通じるようになったから車で来た、という。要するに老母と息子の一家を迎えに来てくれたのである。実はこれまで再三、避難してこないかとの誘いを受けていたのだが、その必要性は無い、とことわってきた。もちろん親子といえどもそれぞれ自分の考えのもとに行動する権利がある。息子たちも自分の考えで残留していたのである。しかしこうして迎えに来られて、一瞬のうちにこの誘いに応じるべきだと思い、息子たちにもそう勧めた。

その本音を明かすと、あまり知られたくないわが家の事情を世間に知られることにもなるが、ここ一週間ほど前から新聞などマスコミに身をさらした以上、いまさら隠すまでもないな、と思い始めたのである。つまりこのエクソダス（圏外脱出）を衆目に曝すことが、むしろ息子の自立への第一歩になるのでは、と期待したのである。十和田でも、あるいは十勝の田舎でクリニックをやっている従弟のところでもいい、その地でどんな仕事でもいい、自立へのチャレンジをしてもらいたかったからである。

事実、大震災の直後、息子にはこう言った。この震災で、親や子を失った多くの人たちがいる、だから想像力を働かせて、こう考えてはどうか。いよいよこれで死ぬかと思った大揺れのあと、あゝ助かった、そしてふと気がつくと愛する妻も娘も無事だった、そうだ生き返ったのだ、死んだと思ったのに辛うじて生き残ったのだ、と。これは再生へのまたとないビッグ・チャンスではないか。息子はそのときはぴんと来なかったようだ。しかし突然与えられたこの脱出行は自己再生へのまたとないチャンスとなる。

とつぜん偉そうなことを言うようだが、今回の大震災でまさに九死に一生を得た人だけでなく、多くの人がこれを契機に自己を振り返り、反省し、再生の誓いをかためたはずだ。これまで出来なかったものも、死んだ気になればやれないことはない、と。つまり事は息子だけの話ではないのだ。

そしてさらに白状すると、新聞に載った写真のように九十八歳の老母と二歳の幼児は、まるで人質のように思われはしないか、と怖れるところがあった。そして何人かの人から、せめて未来のある愛だけでも避難させるべきだ、とも言われた。これは私にとって、いちばん弱いところ、ぐさりと刺さった棘のようなものであった。つまり九十八歳の老母と認知症の妻、そして二歳の幼女を盾にして戦っていると思われはしないか、と危ぶむ気持ちがあったのだ。

しかしいま、そのうちの二人が安全圏に移り、残るは私と妻だけ、うーん戦いやすくなったわい。それこそ矢でも鉄砲でも持って来い、という感じ？（ここはしり上がりの調子）

いま零時をまわったところ。十和田に着いたら、先ず受け入れてくれる特別養護老人ホームに母を預け、息子一家は信者さんが用意してくれるアパート（？）に入る予定である。まだ着かないのだろうか。いやもう着いたのかも。いずれにせよ、彼らは安全圏へと脱出した。心配はよそう。

ところで表題は、兄が乗ってきた車が、ホンダのオデッセイだったことから咄嗟に思いついた冗談である。しかし合っていなくもない。なぜならオデュッセイアは父を探しての漂流の旅の物語だからだ。息子よ、父の真意をどうか分かってくれ。そしてお前たちをこんな形でマスコミに被曝させたことを許しておくれ。しかしこの被曝は善意の人の目にさらされることと理解してくれ。それはお前の再生への、いささか痛い、しかし確実にお前のために道を開いてくれる被曝であることを信じてくれ。愛たちと一緒に暮せないのは、確かに寂しい。しかしお前がこれを機に自立の道に進むなら、その方の喜びは数倍も大きいのだ。

追記　いくつか

＊三月二十七日　午前七時三十五分　今テレビを見たら、愚かな政治家たちが自主避難地域（という言葉が、もう一人歩きしている）について、実状を把握しないでいい加減なことをしゃべっている。本当に胸糞が悪くなる。皆さんどうぞ宜しく彼ら（総務省？）に実状を告げ知らせてください。因みに今朝六時現在の例の数値は、南相馬市一・〇八マイクロシーベルト。昨日に続いて下がってます！
それから、母や息子一家がいなくなったので、送っていただいたものを含めて老夫婦が優に三ヶ月以上生き延びるにじゅうぶんな糧食がすでに確保されています。
＊午前十時四十分　先ほど西内君から電話があり、明日からゴミ収集も始まるそうです！
＊午後一時十分　西内君来訪　営業を始めた栄泉堂のお菓子を持ってきてくれた。甘いものに飢えて

いた私たちにとって、ありがたい贈り物。彼の話によると駅通りの商店が五、六軒、南町の山田鮮魚店などが営業を再開したそうだ。また「まちなか広場」では有志が支援物資の無料配布を継続し、ガソリン・灯油は三台のタンクローリー車がきて、市民の足のためのじゅうぶんな量が確保されているという。

こういう危機にこそこれまで姿が見えなかった有為の人材が姿を現す。ガンバレ、南相馬！　町復興の動きが加速してきた！

籠城何日目だろう？（いくつか断片的な報告）

三月二十八日　午前十一時二十分

＊十和田に行った（あえて避難とは言わない）老母は無事特別養護老人ホームに入所。移動中に愛は熱を出したが、今朝は下がりつつあるという。また今朝十時現在の例の環境放射能測定値は一・〇一、また下がっている。これまでいつも高かった飯舘でも八・九九と初めて（？）一桁台になった。どちらの熱も気になるが、正直、今の私にとっては前者の方が気になる。

＊テレビの原発関連ニュースは、ほとんど見なくなって久しい。だいいち、現地に来もしない作業服姿の政府高官や不安院（？）の係官、あるいは東電の上級社員登場は、こちらから見ると無駄なパフォーマンスとしか見えない。まさに噴飯もの。

＊ちょっと前、もしかして自身障害者かも知れない一人の元気な若者が、福祉会館から来ましたと車でやってきた。近所に困っている方はおりませんか、とのこと。こういう危機にあって、日ごろは目立たず、むしろ弱者の位置にある方々が、不思議な力を漲らせて、他者への思いやりを行動に移している。嬉しいことだ。

＊今日は籠城何日目だろう？　それさえ分からないほど異常な時間を過ごしてきたのか？　いやそうではなさそうだ。昨日、清泉時代の教え子で全盲学生として初めてスペイン留学を敢行し、帰国後は資生堂に入社、そして現在は盛岡で同じく全盲の夫君と、二人の聡明なお嬢さん（もちろん二人とも晴眼者）と幸福な家庭を営んでいる佐賀（旧姓赤沢）典子さんから、ブログを読んでの感想をもらった。今回の私の一連の決断をしっかり温かく見守っていてくれた。嬉しかった。

障害を持つことによって（もちろんすべての障害者がそうだとは言わない）得られる、ものごとを深みから観る確かな目。

＊怪我の功名？　適切な言葉が見つからないが、要するに歩行も不自由になってきた認知症の妻が側にいなければ、私はもしかして今回のような決断をしていなかったかも知れない。つまり障害を持っている妻が側にいることによって、不思議な勇気と落ち着きをいつももらっていたということだ。私の言い方を使えば（だれか偉い人の言い草をいつの間にか借りたのかも）生の重心が低くなる、小津安二郎の映画のようなローアングルからの視点が確保される、と言えばいいのか。

追記　同日午後十一時四十分

午後十一時現在の環境放射能測定値は、事故以来、というより、私がチェックを始めてから、初めて一マイクロシーベルトを割って、〇・九六となった。

今日は訪問客もなく、実に静かに過ぎた一日だった。午後、ベッドの枕元近くで倒れていた本棚を直した。地震に備えて止めていた金具が飛ばされていた。釘ではなくネジで固定していたら倒れることは無かったのではないか。

午前中、十和田から、ばっぱさんの具合が悪くなって病院に連れていった、とのメールが入った。咄嗟に思ったのは、これで病院で死ぬことがあってもそれはそれでいいのではないか。つまり九八歳まで生きて、しかもこの一週間あまり、憧れの曾孫と一緒の生活もし、さらには兄の車で大好きなドライブをし（ちょっと長すぎたが）、そして愛する長男のところに身を寄せ、あまつさえ病院で手厚い看護の末に死んだとしても、実に恵まれた最後ではないか、一つも悲しむにはあたらない、と。電話で話しあった姉もまったく同じ考えだった。

しかしどこまで丈夫なのか明治生まれは。後から来たメールでは、診察の結果、炎症を起こしているだけなので、薬をもらって退院、とあった。八年ほど前の夏、熱中症で倒れて病院に搬送されるばっぱさんに、「がんばれよ！」と声をかけると、担架の上で目をつぶったまま、素っ頓狂な声で「あいよっ！」と大声で応えたときのことを思い出した。こうなれば百歳を目指してもらおう。

原発事故報道を見ながら感じたこと

三月二十九日

もうすでに書いたように、精神衛生上有害なので、ここしばらく原発事故関連のニュースを見ないようにしているが、それでも時おり否応無く見ざるをえない。以下はそんなときに感じたことのいくつかである。

＊事故直後の初動対応のまずさ

まず東電などにまかせず、即座に国が召集する専門家集団で、もちろん東電に終始正確かつ迅速なデータ提出を命じつつ、国主導の対応をすべきではなかったか。私の記憶では、「廃炉」と言う言葉が出てきたのは確か一週間後あたりからであり、東電は当初、操業再開を視野に、小出しに弥縫策を講じていたのではなかったか、という疑惑をどうしても払拭することができない。このことをしっかり検証していただきたい。

＊確かな数値の継続的公表

インターネットのおかげで、私は最初から環境放射能測定値（一時間毎に発表されている）、飲用水放射能測定結果（私が把捉できるそれは一、二日遅れだが）、そして東北地方全体の風向きをたえずチェックしてきた。結果としていちばん注意していたのは、実は風向きであるが。

だから、南相馬市より常に測定値が三～四倍の県都・福島市で白い防護服で身を固めた係員の前に、放射線値を調べてもらおうと市民が長蛇の列を作っている絵柄と、南相馬市を放射能汚染地区と認めてしまっているかのように、県の災害対策本部で知事閣下以下職員全員が作業服姿で走り回っている図柄は、実にアンバランスに映る。前者は過剰反応、後者は狼狽しているだけで実は現状把握という面では遅鈍であることからくるアンバランスである。

＊ＴＰＯに応じた適正な情報開示

ＩＡＥＡ（国際原子力機関）事務局長天野さん、言って悪いが少々バタ臭い（古臭い表現で申し訳ない）いかにもインターナショナルな風貌、その口から出てくるのは国際社会を意識しての情報開示の一点張り（少なくとも私が見たテレビ番組では）。世界を意識しての発言だから無理もないが、しかし奈落（誇張表現ですが）の底から固唾を呑んで見守っている当事者たちにとって、一言でもいい、被災現場にいる人たちへ向けての日本人としての（あれっ、そうでなかったら御免なさい）激励の言葉をかけてほしかった。

ところで情報開示という理念がこれまた一人歩きをしている。確かに外部にいる人に適正な判断をしてもらうには、プラス・マイナス両面の情報開示は当然であろう。しかし現場にいる人間にとって、マイナス情報を流すにしても、それへの可能な限りのプラスへの可能性を的確に、はっきり添えてもらいたい。たとえば川俣町の原乳問題の際でも、長期（一年？）にわたって摂取しなければ、健康にはまったく問題ない、としっかり伝える。いや実際にそう言われていたが、しかし但し書きはいつの間にか消え、危険性だけが声高に伝えられていく。

テレビ画面には、屋内退避地域住民への注意として、外出時にはマスクや濡れタオルで鼻・口を覆い、帰宅後は衣服をビニール袋に密閉して保管し、体はシャワーなどで洗う……でもこうした処置は、たとえばわが町のように放射能測定値が一マイクロシーベルト／時のところでは不要のはずだが、テレビにはそうした説明も無くテロップで四六時中流されている。これこそ時と場所と場合によっては微小な放射線以上に有害な情報ではなかろうか。

ともあれ、私の言う三点セット（環境放射能測定値、飲用水放射能測定値、そして東北地方の風向き）を、折れ線グラフなり、はっきり推移が分かるような形で、一時間置きにテレビで流して欲しい。これこそ、現場の人間にとって必要不可欠な情報である。

以上、原発事故の早期解決がたんに被災地や東日本だけの問題ではなく、その経済・政治的影響の波及という点で、まさに国家的危機であり、これこそが最終的・根源的な問題であり課題であることを認めた上での、モノディアロゴスからのささやかな提言である。

三月三十日　午前十一時半　晴れ

昨夜、十和田の息子からメールがあった。それによると、ばっぱさんは一時お世話になっていた特別養護老人ホームから市内の有料老人ホームへ正式に入所でき、また息子の一家は、信者さんのご好意で平屋一戸建ちの家を無償で借り、さらに息子は夜勤専門の介護職員として雇用される運びとのこと。本音を言えば、息子の新しい仕事は、再生の第一歩としては少々ハードルが高そうだが、それこそ「死んだ気になって」頑張れ、と祈るしかない。もっと困っているたくさんの避難者には本当に申し訳ないような、愛たちのエクソダスのとりあえずの結末である。

また昨夜、かつての同僚でカトリックの修道女であるガライサバルさんからメールが入った。今度の大震災で、これまで音信が途絶えていたたくさんの知人・友人・教え子から連絡が入ったが、彼女とは母国スペインに戻ってからだから、さて十五年以上経ての音信復活となろうか。

たぶんスペインから見れば、二〇キロ、三〇キロ・サークルなどまったく意味をなさず、ちっぽけで細長い東北の地は赤一色の危険地帯に見えるのだろう。大いに心配してのメールだったが、こんな折の便りにも、自分は最近、親から与えられたバスク語のファースト・ネームを正式に取り戻した（recuperar）と誇らしげである。聖イグナシオなど誇り高きバスク族の血はなおも健在である。彼女は教師時代、現皇后の美智子妃殿下に可愛がられ（?）、教え子の一人は現在の皇太子付きの女官（教育係り?）になったと記憶している。聡明な美智子妃殿下のご所望で、シスター経由でオルテガの拙訳二冊を献上したことも今では懐かしい思い出である。

さっそく、こちらの無事を伝えると、私のホームページにアクセスしたが、日本語から離れてから時間が経っているので、読むのに骨が折れる、でも自分はスペイン語、あなたは日本語（ローマ字）で完全に理解し合えるので、ぜひ続けて連絡取り合いましょう、とあった。もとスペイン語の教師（専門はスペイン思想との言い逃れをいつも使っている）がスペイン語を書かないのは、この非常時をさらに言い訳に加えてもなお面目無い話ではある。

さて今朝の例の数値は、午前十一時現在〇・九四と低いままである。そして先ほど西内君に電話したところ、営業を再開した肉屋さんや野菜市場がさらに増え、市民の八割は町に戻っているのでは、と言う。こうなれば、願うのはただ一つ、一刻も早い事故現場完全解決である。頼むでー、しっかり！とは言いましたが、この期に及んでもなお日本郵便、クロネコ、飛脚はまるで示し合わせたように三〇キロメートルというあの呪いの輪から中に入ろうとしないままです。すみません、彼らへの攻勢引き続きお願いいたします！

籠城日記二十一日目

三月三十一日
大震災発生後、今日は二十一日目、原発事故による「籠城」を意識してから？　あほらしい、考えたくもない。今朝七時現在の例の数値、南相馬市は〇・九七マイクロシーベルト／時、低いまま、そしてあの飯舘はというと七・三九、いちばん高かったときの、たぶん五分の一である。このまま漸減してゆくことを願う。
昨夜、寝しなにガライサバルさんから来た二通目のメールに返事することを思い立ち、キーボードに向かった。そしてそのとき、このブログを、わが愛する教え子たち、とりわけ先日、小島章司さんのスペイン公演『ラ・セレスティーナ』の大成功の影の立役者、わが愛する教え子の一人古屋雄一郎君が見ていることを急に意識した。まずい、先生の私としたことがスペイン語で手紙も書けないなんて……。

で、窮鼠猫を噛む、あるいは火事場の馬鹿力風に、思い切って書き出した……おや、書けるでねーの。そして直訳すると、おおむねこんな返事をしたためた。

「二通目のお手紙、たくさんたくさん感謝します。貴女もよくご存知の通り、この大地震の少し前に、私たちの敬愛するミゲル・メンディサーバル神父が亡くなられました。彼は私の真の師でしたし、これからもそうです。貴女は、私のホームページのファイルの中に、昔々私が書いた「私の恩師」という文章を読むことができます。

今朝、典子がメールを寄こして、貴女のアドレスを教えるよう求めてきました。というのは、今朝のブログで貴女との再会について書いたからです。

三、四日前のモノディアロゴスにも書いたように、青森近くの十和田から、兄が車で来て母と息子一家を十和田まで連れて行ってくれました。今や彼らは原子力発電所（Centrales Nucleares）から遥か遠く離れています。さて今こそ私は、あらゆる思いわずらいから自由になって存分に戦う（?）ことができます。愚かな政治家たちの愚かなリードによって結果した当地の事態は、他の被災地の悲劇と比べるなら、まさに喜劇であります。貴女もご存知の通り、私は悲観論的楽観論者であります。事態はこれまで生じた害以上の害のないまま、一月以内（?）に終息するだろうと確信していますです。ともあれ、私はこの騒乱の中から、たくさんの戦利品を得ながら、生き抜くつもりです。貴女との再会はその戦利品の一つであります。

ホームページの「家族アルバム」をもう見ましたか？　そこには懐かしい清泉時代の写真が何枚かありますよ。では今夜はこの辺で。さようなら」

ばっぱさんたちが行った十和田の近くにも、別の原発があるなんて、とてもじゃないけど書けません……。

それから文中二回ほど「愚かな」という言葉が使われていますが、それは「トント」というスペイン語です。さあ皆さんいい機会です、このスペイン語を覚えて愚かな役人などを目にしたら、心の中で大声で叫びましょう「ケ・トント！」と。ちなみに「ケ」は「何と！」という感嘆詞ですぞい。

追記　同日午後五時半

各地からの善意の贈り物の中に、愛のおしめやお菓子、塗り絵などがあったので、それらを一まとめにして明日あたり鹿島郵便局（とうとう南相馬市の一部まで来た！）から十和田に送ることにした。といっても西内兄の助力で。それで二十一日ぶりに、ゆっくり美子の手を引いて車に乗せ西内宅に向かった。ところが目の前には信じられないような光景が広がっていた。このののんびりした町のいつもと変わらない車の往来があったのだ。いやさすがに歩いている人は少ないが、車だけならむしろいつもの夕方より多いくらいなのだ！

追記への追記になるが、先日、町をさまよう老犬の話に反応してくださった方々のおかげで、ダンボール箱二つ分のペット・フードも届けることができた。さっそく愛犬家や愛猫家、そしてさまよう犬・猫に届けられるはず。どうもありがとう。

おっと忘れるところでした。午後五時現在の例の数値は、〇・九八マイクロシーベルト／時です。

■二〇一一年四月

或る無責任な対話

四月一日

「なんだい、浮かぬ顔して。やっぱ籠城生活に疲れたか?」

「いや、もともと出不精だから、籠城そのものに疲れてるわけじゃないけど、でもこう先行き不透明だと気が滅入るね」

「でも君はガライサバルさん宛てのメールに書いたように悲観論的楽観論者、つまり根っこは楽観主義者なんだろ?」

「それはそう。今回のことで驚いたのは、日ごろは楽観的な人たちが根っこでは悲観論者だったということ。人間て分からないもんだね。それはともかく今日で事故発生後二十二日目だぜ。これから日本はどうなっていくんだい、というより原発事故はどう決着するんだい? 政府要人や不安院、おっと間違えた保安院からは、少なくとも私の見たり聞いたりした限りでは、今後の見通しなるものは一切口にされていないね」

「要するに見通しがつかないほど事態は深刻と受け取られても仕方ないね。今朝見た衛星放送でも、アメリカはじめ世界はみなそう睨んどる。もう各国で、日本からの商品の輸入禁止や制限が始まってるね」

「ギョーザ事件のときの中国人たちの気持ちが今は良く分かるね」

「よしっ！」

「なんだい急に」

「こうなりゃーこの私めがみなに代わって大胆予想をせざるを得ないな。もちろん政府と違って、あとから責任問題なんぞに発展する気遣いなどないから気楽なもんさ」

「いいのかいそんなこと言って」

「いいさ、こんな私の言うことなんざ、もともとだれも信じちゃいないんだから。さてどこから始めようか。そっ、現在漏れ出ている高濃度の放射能のことだけど、一時的にせよ封じ込めるのにあと一ヶ月、そして福島原発を完全に廃炉にするのにあと一年」

「まてまて、あのチェルノブイリを完全に廃炉にするのに六年かかったというぜ」

「それは昔のこと、とにかく廃炉にするため恥も外聞もない、世界各国からの助っ人も動員して、ともかく無人ロボットは言うまでもなく現代科学の粋をすべて投入すればチェルノブイリの六分の一はけっして暴論じゃない」

「でもその間、周辺地域の住民はずっと避難所生活を続けなきゃならないのかい？」

「いやいや、さっき言ったように一ヶ月後は一応は放射能漏れは収まるのだから、避難している住民はわが家に戻っても危険じゃなくなる」

「そうかい、でも戻ったとしても農業や牧畜業は致命的な被害を受け、もう土地そのものが使い物にならなくなるって言う人もいるぜ」

「それはあまりに悲観的だね。確かに放射能に対して人体はその自然治癒力を発揮できないとは言われてはいるけど、しかし土地についてもそう言えるかな。だって広島や長崎のこと、考えてごらん？一時期まで、被曝した土地には以後いっさいの植物は生えないと言われていたんだぜ。私も六十年代に三年ほど広島に住んでいたけど、八月六日の記念日以外、はたしてこれが本当に被曝した土地なんだろうかと疑うほど、何本ものきれいな川の流れる緑豊かな町だったぜ」

「へーえ、君の言葉を聞いてると、少し元気が出てきた。なんだか君の姿が虹色の作業服を着た国家安全絶対確実保障保安院の頼もしい報道官に見えてきたぜ」

「でもその君は、そして私は、どっちの君でどっちの私？」

「……」

これはまさにお上主導の兵糧攻めだ！

四月二日

＊以下は、屋内退避指示地域への郵便物が届かない現状に対してメールなどで嘆願（抗議）していただきたいとの要請に応えてくださった方への、日本郵便からの三度にわたる返答である。①と②はま

ったくの同文であり、クレームに対するマニュアルがすでにできていることを示している。注目すべきは③の傍点部分である。つまり今回の事態が、政府主導のものであることをはっきり示しているのだ。自主避難を加速させるための布陣である。ところが実際は、当該地域住民の八割〜九割がすでに地域に戻って必死に市民生活を再開しているのである。どうかこの迷妄から抜け出すよう、しかるべき機関、政府要人に働きかけてくださらんことを。

① 郵便事業株式会社お客様サービス相談室センター小原でございます。
再度ご連絡いただき、まことに恐縮でございます。

お申し出につきまして、「福島県南相馬市」は福島原子力発電所事故に伴う避難指示エリアおよび屋内退避指示エリアなどの地域、車両通行制限、立ち入り禁止地域、当社施設の被災などにより、配達ができない配達困難地域が生じております。避難所等が設けられている場所には配達先を調査の上、配達に最大限の努力をいたしますが。引き受けた郵便物をやむを得ずお返しせざるを得ない場合がありますことをご理解賜りますよう、よろしくお願いいたします。
② 再度ご連絡いただき、まことに恐縮でございます。小板橋に代わり、返信申し上げます。
お申し出につきまして、「福島県南相馬市」は福島原子力発電所事故に伴う避難指示エリアおよび屋内退避指示エリアなどの地域、車両通行制限、立ち入り禁止地域、当社施設の被災などにより、配達ができない配達困難地域が生じております。避難所等が設けられている場所には配達先を調査の上、

配達に最大限の努力をいたしますが、引き受けた郵便物をやむを得ずお返しせざるを得ない場合がありますことをご理解賜りますよう、よろしくお願いいたします。

現在、業務の正常化に全力を尽くしておりますので、何卒ご理解賜りますようお願い申し上げます。

③お客様のメール拝見いたしました。

この度は、福島県あての郵便物等の送達におきまして、ご迷惑をおかけするとともに、ご不審な思いを抱かせてしまい、誠に申し訳ございません。

原町支店の営業状況につきましては、弊社といたしましても、行政からの屋内退避指示などに従っているところであり、大変恐縮ではございますが、業務再開については現在までのところ未定になっております。なお、この度のお客様からのお申し出につきましては、当センターより関係部署に申し伝えさせていただきます。ご不便をおかけすることとなり、誠に申し訳ございませんが、何卒ご理解賜りますよう、お願い申し上げます。(傍点引用者)

追記　同日午後四時五十分

四時ごろ急に思い立って、というか家の中にばかりいるのに飽きて、妻を後部座席に乗せて市内見物に出かけてみた。先日と同じくたくさんの車が行き交っている。駅前のコンビニで、切らしていたガムを買った。クロレッツ(さわやか続く!　三〇分)というやつである。歳のせいか口が渇くためだが、他のガムだと柔らかすぎて入れ歯にくっつく。ちょうどいい硬さのガム。

ついで駅前広場に出る。相変わらず常磐線は不通で、あたりは閑散としている。それから跨線橋を渡って六号線に出よう、津波現場を見ておこう、と思ったが、さすがまだ見る勇気はない。

べつだんその必要はなかったが、半分ほどあるガソリン・タンクを満タンにしようとスタンドに寄ってみた。先客は二台ほどで、すぐ自分の番になった。リッター一六五円、これまでより高いが、予期していたほどでもない。

市民生活は明らかに始まっている。なのに政府は相変わらずこの地域に自主避難を促している。冗談じゃない！　菅総理は今日、被害地を巡回したらしい。南相馬に来れば良かったのに‼　ヘリコプターから恐るおそる降り立って、長閑な光景を見て、間違いなくこう叫んだだろう、「ありりー、ボクちゃん間違えたかも。およびじゃない！　これまったスッツレイ！」　植木等と加藤茶の口調を真似たつもり。

「くに」とは何か？

籠城生活雑感（四月四日、震災後二十五日目）晴れ

午後たまたま目にしたテレビには、原発立地市町村の長たちが松下忠洋副大臣（何大臣か知りません！）に対し、原発の安全対策を早急に実施するよう要望し、立地市町村への風評被害を防ぐことや防災体制の見直しなども求める場面が映っていた。陳情の形をとるしかないのかな、と複雑な気持ちで画面を眺めていた。このところ、時おり頭に浮かぶのは「くに」とは何だろう、という疑問である。いや、私自身の考えは相当以前からはっきりしている。二〇〇三年行路社刊の『モノディアロゴス』の「愛国心」と題する文章にこう書いている。

「私自身いろんなところで主張してきたが、「くに」には大きく分けて三つのレヴェルがある。国家(state)と国民国家(nation)と国(country)である。国家とはたとえば国連加盟時にその資格として考えられる法的概念である。ここでは国土も国民もいまだ個的特性を持たぬ冷たい抽象的レヴェルに留まっている。国民国家に来て初めて国民(民族)の顔が見えてくる。この二つの概念にずれがあることは、南北朝鮮を見れば分かる。つまり民族としては一つだが、国家としては分断されている。自分を育んでくれた大地、海、そして自分の中を流れる懐かしい父祖の血を表す言葉こそが「くに」なのだ。しかし残念ながら日本語そのものが混乱していて、英語のカントリーと等価の日本語が無い。たとえば英語圏の人に向かって、あなたの国はどこですか、と訊くとき、絶対にステート(アメリカ英語の州ではない)とかネーションとは言わずにカントリーと言うだろう。」

これに付け加えるなら、三番目のカントリーはスペイン語でパイース(pais)と言うが、ここから風景という言葉パイサへ(paisaje)が出てくる。さらに言うなら愛国心は英語でもスペイン語でもパトリオティズムだが、これはラテン語のパーテル(父)から出た祖国という美しい言葉パトリア(patria)

から派生する。簡単に言えば、本来の愛国心とは国家に対する忠誠ではなく、父祖の地そして血への懐かしく、そして愛情あふれる思いなのだ。私は法学者でも言語学者でもないが、今述べたことは間違っていないはずだ。

さて今回の大震災で問われている大きな問題の一つが、私たちにとって「くに」とは何か、という問題であることは確かである。これまで述べてきたことからも明らかだが、私たちにとって「くに」は現政府でも現行政でもない。私たちにとって、真の「くに」は先祖たちの霊が宿るこの美しい風土（あえて国土とは言わない）であり、そしてそこに住む人間たちなのだ。日本「国家」は、浜通りと呼ばれるこの美しい海岸線を原発銀座にしてきた。つまり、「国家」にはいつも生きている人間の顔が見えない。大本営の作戦地図にも、今回の二〇キロ圏三〇キロ圏にも人間の姿は見えないのだ。

「くに」は今回、地震・津波という甚大な自然災害を被った。これは人災の部分を含みながら、しかし結局は自然災害である。しかし原発事故は明らかに、どういう弁明も空疎に響く明らかな人災、国家エネルギー政策から生じた紛れようもない人災そのものなのだ。

今回の大震災は、政府の対応も報道の仕方も、この自然災害と人災が一緒くたにされている。それが象徴的に現れているのが、ここ南相馬市かも知れない。これまで何度も言って来たように、ほんとうの被災地の人たちには申し訳が立たないような、愚かな行政の、現状把握をしないままの愚かな指示の結果起こっていることなのだ。

「必死に生きる」こと以外はすべてにおいて素人そのものの七十一歳の無力な爺さんが怒っており

ます。頭脳はおそらく平均並みかそれ以下の一人の爺さんが、お上や科学エリート集団をば「トント」呼ばわりしておりますです。

ケ・トント！　さ、皆さんもご唱和願います、ケ・トント‼

ちなみに今日午後八時現在の例の数値は、〇・七八マイクロシーベルト／時です。たぶんこれまでの最低値でしょう。

一ヶ月ぶりの散歩

四月七日（籠城二十八日目）晴れ

震災前までは毎日午後二時半ごろ、美子を車に乗せ、先ず夜の森公園で散歩、その後ぱっぱさんのグループホーム訪問が日課だったが、もう一月あまり、その日課を中断したままだった。なんとも癪な話である。今日の放射線値は低いまま、少々生温かい風が吹いているが絶好の散歩日和。今日こそ日課再開第一日目にしよう。

公園に行く前、もしやどこか薬屋さんが店を開いていないか、と先ず駅通りに出て左折し、次いで旧国道を鹿島方面に向かった。なーんて大きな町のように書いたが、なんのことはない、東西に走る駅通りと、それと直角に交わって南北に走る旧国道、つまりTのかたちをした大きな二つの通りが文字通りこの町のメイン・ストリートというごくごくこじんまりとした地方都市に過ぎない。で、その旧国道を北に走ると、すぐ右側に開いてる薬屋さんがあるではないか。しかも探していたセロナ軟膏もちゃんと置いてあった。ありがたい！

店員さんと一人の先客と、まるで無人島に生き残った者同士のような妙な連帯感を感じながら、ここ数日のことを話し合った。店は四月に入ってから開いたそうだ。そして店を出てすぐのところにある常陽銀行にも寄ってみた。昨日、相馬に行った折、別の銀行のＡＴＭを使って当座のお金を引き出したのだが、近くに居た人の話だと、ここも四月に入ってから、銀行そのものは開いてないがＡＴＭは使えるようになったそうだ。これでひとまず安心。

それから夜の森公園に向かう。駐車場に二台ほど自衛隊のトラックが停まっていて、数人の隊員が所在無さそうに近くにいた。美子の手を引いてなだらかな坂を登っていく。震災前、心持ち体を右斜めに傾げ、歩行もなんとなく覚束なかったが、今日はゆっくり歩く分には、以前とそう変わりはない。ロータリーのところで、住まいは小高区だったが今は近くの実家の世話になっている、という三十代（すみません、私、女性の年齢を正しく読めません）の主婦としばらく立ち話をする。震災がなかったら、こんな形で見ず知らずの人と話し合うこともなかったはずだが、彼女の話を聞くと、先日書き込みをしてくれた小高区の松崎さんとほぼ同じ体験をした人のようだ。

そこに被害状況を見に来たという二人の若い自衛官が加わった。「お兄さんたちはどこから来たの？」と聞くと、千葉からだと言う。ここが事故以後ずっと低い放射線値しか示さない地域だと知ってますか、と聞くと、知ってはいるが、事態が悪化した場合には市民の避難を助ける任務で駐屯している、と言う。それで例の冗談を彼らにも言ってみる。私は自分からは避難するつもりはないが、いざというときにはたくましいお兄ちゃんたちの肩に負ぶさってヘリコプターで運んでもらうよ、と。すると人の良さそうなお兄ちゃん、いいですよ、と頼もしいお返事。

ところで先日来、かつての教え子の同級生で、大阪府立大の足立教授が教えてくれたことを何度も反芻している。今回、南相馬に限らず、三〇キロ圏内の病院や施設から多数の病人や老人たちが、各地の病院や施設に搬送されたが、それが正しい判断だったかどうかという問題である。たとえば足立教授の言うように、放射線を被曝することによって、たとえばガンを発症する危険があるとしても、それは何十年も先のこと、しかも発症の確率はごく低いとしたら、教授の言うように病人や老人を避難させることによって起きる実害の方が比較にならないほど大きかったのではないか。いや、まだその統計は出ていないが、彼らを移動させたことによってすでに何十人、そして最終的には間違いなく三桁の人が亡くなられたはずだ。なんと愚かで軽率な判断を下したことか。今後、しっかり検証されなければなるまい。

うちのばっぱさんが十和田に行くことに賛成し、そしてそれを喜んだのは、愛する長男のもとに行けるから、しかも愛する曾孫が一緒だったからであって、たとえ南相馬のわが家で医者が居なくて死ぬようなことがあったとしても、自分の建てた家で、愛する家族に看取られて死ぬのであれば、まさに大往生、まさに御の字、おつりが来て余りあった。いや本人に確かめたわけではないが、きっとそう思っていたに違いない。

そのばっぱさん、長旅の疲れで元気を失くしていたが、今は少しずつ持ち直してきたらしい。でも各地の避難所で、なにがなにやら分からないうちに連れてこられたたくさんの高齢者たちのことを思うと、ほんとやりきれない悲しさ、無念さ、そして底知れぬ怒りを覚えてたまらない気持ちになる。彼らの、一日、いや一時間でも早いわが家への帰還を願ってやまない。おい、聞いているのか、政府の要人、東電のお偉いさん方、そして不安院の面々よ！（もちろん聞いてないさ。だからなお悔しい！）

ちょっとヘタレたかな？

四月八日

正直言うと、昨夜の余震というにはあまりにも強い地震に、ようやく以前の日常に戻ろうとしていた、その機先を制せられたというか、鼻っ柱をへし折られたというか、ちょっと参ってしまった。流行の言葉を使えば、いささか心が折れたのである。

いやもっと正確に言えば、昨日までは、自覚はしていなかったが、ある意味で精神の高揚状態が続いていたと言える。そしてそのボルテージの高い精神状態が、昨日あたりからようやく緩み出し、日常的感覚が戻りつつあったそのときに、昨夜のまったく予期しない強い余震に不意打ちを食ったのである。

朝起きてからも、そんな精神状態が続いていた、いや今も続いている。どうにも元気が出てこない。しかし贅沢は言うまい。たとえば避難所ではもっと過酷な非日常の時間が流れているのだし、今日は金曜日、たとえば西内君はボランティアで救援物資の仕分けを手伝っているのだ。甘ったれるんじゃない！

そうだ、本当の勝負はこれからなんだ。電話やメールでのエールが途絶え、このモノディアロゴスへの訪問客も次第に減っていく。勝負はここからなんだ。

いま午後六時ちょっと前。朝からなにかはっきりしない一日だったが、最後に来て西空がわずかに赤らんだ。再開二日目の今日、どうにも散歩に行く気になれなかったが、明日からは風向きをチェックしてからともかく出かけよう。私家本の印刷・製本、本棚に乱雑に戻しただけの本の整理、洗濯……やることはいっぱいあるぞ。

砕けて当たれ！

四月九日

たぶん世の中には敢然と戦わなければならない敵というものがあるに違いない。敵は必ずしも人間とは限らない。たとえばそれは不正であったり、貧困など社会悪であったりする。でも病はどうだろう。医学の進歩によって、予防処置を講じたり、病原菌そのものの撲滅などによって、かつてよりかは被害が少なくなってきてはいる。しかし新型インフルエンザがそうであるように、敵自身が進化し、それとの戦いが終結することは、おそらく、ない。つまり不老不死の夢が見果てぬ夢であるように、病や死に完全に打ち勝つことなど不可能であろう。

たとえば個人的なことを言えば（といって私の書くものはすべて個人的なものにすぎないが）、妻は認知症であろう。なぜ「であろう」などと曖昧な言い方をしたかというと、実は医者から正式にそう診断されたわけではないからだ。数年前、これは認知症に違いない、といくつかの症候から判断せざるをえなくなったとき、専門医に診察してもらおうとは一度も思わなかった。少なくとも現段階では、効き目のある薬も、外科手術も無い、と分かっていたから、わざわざ「お墨付き」をもらうまでもない、と思ったからである。たぶん世の多くの人と、この点は違うのかも知れない。

たぶん世の多くの人は、このような場合、先ず専門医に診察してもらい、さらにそれを確かめるため、評判や口コミを頼りに大学病院など大きな病院を巡り歩くかも知れない。その間味わわなければならない不安、焦燥感は半端じゃなく、精神的な疲労が重なる。

いまではその当時の記憶はすでに薄れかけているが、簡単に言えば、観念したのである。じたばたしても始まらない、しょうがない、この事態を受け入れるしかない、と思ったのである。私の下した判断が絶対正しいとは、今でも思っていない。しかし私にとっては、この決断はごくごく自然な、当然の結論であった。そして以後気をつけたことは、妻なり私なりどちらかが怪我や病気をしないことであった。妻が入院などすれば、急速に症状が進むからであり、私が病気などすれば妻の介護ができなくなるからである。

要するに、私にはいつの間にか「当たって砕ける」より「砕けて当たる」生き方が染み付いてしまったのだ。「砕けて当たる」という表現は、もしかすると敬愛する作家・島尾敏雄の言い方を真似たのかも知れない。つまりどうやっても敵わない相手に対しては、当たって砕けるより、まず腰を低くし、相手の繰り出す強烈なパンチを柔らかく受け止めた方がダメージが少ないと思っているからかも知れない。俗な言い方をすれば、「負けるが勝ち」である。

まだ働き盛りに結核で死んだ一人の叔父がいる。彼は生前、高校野球の実況などで、解説者が東北からの出場校を評し、東北人は粘り強いなどという決まり文句を発するや否や猛烈に怒り出した。そして自分の出生の地相馬を指して日本の癌だとまで言い切った。でも私はいつもそれを愛情の裏返しだと思っていた。

「北の国から」で、大滝秀治演ずる北村清吉が、入植した麓郷の百姓たちが大不作を前にしても「へらへら笑っていた」と言ったシーンがなぜか記憶に深く残っている。あまりの惨めさに「笑うしかない」のだ。でも絶望しているわけではない。へらへら笑いながら、負けない、たじろがない。つぎの一手をなんとか考えている。

今回の原発事故が天災でも病気でもなく、愚かな人間による人災であるということでは、腹立たしさが増幅するが、しかし当方にはどうしようもないという一点では天災に似ていなくもない。事ここに至っては、前から主張してきたように、恥も外聞も面子もない、世界の叡智を集めて可能な限りの方策をつぎ込んでもらいたいし、こうまで世界の注目を集めているのであるから、いかにトントな面々でも、そうせざるを得まい。さてしかし、当面私のすべきことは、事故現場での作業の経過に一喜一憂することではなく、客観的な数値を確認しながら、必ず事態は修復に向かっていることをあたかも信じているかのごとく、それでなくとも残り少なくなってきた己れの畑（余生）を黙々と耕すことでしかあるまい。因みに、今夜八時現在の例の数値は、〇・六八マイクロシーベルト／時、最低値更新中。

あゝ「想定外」！

四月十日　晴れ

久し振りにいい天気。昼ごはんのあと、美子を連れて散歩に出る。途中、何日か前から郵便物が原町郵便局留めで来ていると聞いた（隣町の支店長から）ので、念のため電話を入れると佐藤直子記者からハガキが来ているという。行ってみると、道路側の夜間窓口ではなく、中庭に入ってふだんは小包などの積み入れ積み出しに使っているプレハブが仮事務所になっていた。細長い部屋に細長い机が置かれ、局員が四、五人で応対している。住所と名前を告げハガキが来ているはずだ、と言うと、紙片が差し出され、そこに住所と名前を書けと言う。書いて渡すと局員は奥の部屋に入り、しばらく経ってからハガキをもって現れた。なにか身分を証明するものを出せ、と言う。戦場で故国からの郵便物を渡すとき、いちいち兵士の身分証明を求める？

いやいや例としてはちょっと大げさか。私が言いたいのは、たとえば現金書留あるいは親展扱いの封書などなら、当然引き取り人は自分の身分を証明するものを提示しなければならない。しかし一ヶ月あまり、郵便局としての機能を一方的に放棄したあとの再開である。もう少し人間的な対応の仕方があるのでは？　細かいことを言うようだが、ハガキならハガキに印刷あるいは添付されている五〇円切手は、本来ならあて先の家までの配達料込みの値段ではないの？　利用者にさんざん不便をかけ続けたあとの業務再開である。まずは利用客へのお詫びの言葉から始めるのが真っ当なやり方とちゃう？

それに対し、たぶんその局員はこう答えるであろう。万が一間違って他の人に渡して抗議されたら困る、と。そう来るだろうな、いつもそう答えるよな。要するに間違えること自体ではなく、自分に責任が問われることが死ぬほど怖いのである。ようがす（とは言わないか？）あっしが全責任をとりますので、ここんところはどうぞおまかせを……という局員なり、店員なり、駅員なり、社員なり……は現代日本には絶対に存在しないのである。あ丶安全で間違いない日本……。

規格どおりの商品を産み出すことにかけては世界に冠たる日本。ちょっと小さすぎる例かも知れないが、たとえば日本のタバコは、暗闇でも手探りでセロハンの開け口のぽっち（あれ何て言うのかな？）を見つけ、造作なくタバコを取り出すことができる。しかしたとえば、ですぞ、スペインではそれが実に難しい。つまり箱ごとに微妙にぽっちの位置が違っていて、暗闇でタバコを抜き出すのは至難の業となる。

ことほど左様に、たばこだけじゃなく、社会のあらゆる仕掛けがていねいかつ安全に作られている。そして人間も……ありがたいことに治安もたぶん世界一いいのではないか。いや、そのことにいちゃもんをつけているのではない。日本はあまりにも快適かつ安全に出来上がっているので、想定外のことになす術（すべ）を知らないと言いたいのである。

たとえば今日の局員。成熟したまともな人間なら当然備えているべき咄嗟の判断、臨機応変の対応ができない。ファーストフードの可愛い（とはかぎらないけれど）女の子が、マニュアル通りの応対をするならまだしも、妻も大きな子どももいる（かも知れない）立派な大人が、非常時での適正かつ迅速な判断やら対応ができないのである。

話を急に大きな問題に広げたとおっしゃるのか？　いやいや、初めから局員の応対なんぞに問題を感じたのではありません。今回の大震災、というよりはっきり言って原発事故に関わるすべての事象（この言葉もよく使われましたな）で、あまりにも「想定外」という言葉が飛び交っていることが気になってました。そしてその根っこには何があるのか、つらつら考えていたのですが、今日ようやくその答えが見つかったのであります。つまり日本の社会があまりにも規格どおりに、マニュアルどおりに、安全に、確実に、作られていること、いやそれが悪いのではなく、それにあまりにも慣れすぎているという事実こそが問題ではないか、と思い至ったのであります。

事故後すぐの、自衛隊のヘリコプターによる放水作業の折もそうだった。隊の内規に定められた放射線数値を超えたから作業を打ち切ったと聞いて唖然としたのだが、もしかすると事故後の初動対応にも、内規で想定されたものとは違った事態に直面して、そのとき当然しなければならない行動に踏み切れなかったということはなかったのだろうか。組織内の統一ははかられていたとしても、それとは別の組織との共同作業など想定外のことゆえ、もっとも大事な相互信頼がないまま、ばらばらな対応をせざるを得なかったことはなかったか。日本式経営システム（たとえば稟議書）が想定外の事態ではまったく無力だったのでは。部下あるいは現場が上司にお伺いを立てなければ動けないような、平常時ならうまく機能するシステムがかえって仇になったのではないか。

いやいやそんな大問題まで話を進めるつもりはなかった。ただわが愛する日本が、日本人が、平常時だけでなく非常時にも、いやそのときにこそなお沈着冷静に、しかも人間らしく行動できる社会そして人間であってほしいと願うだけである。授業料としてはそれこそ想定外の高額とはなったが、この大震災の経験を生かさない法はない。

今日もテレビからは、へたくそなバンドが「福島は好き、オー、アイ・ウオンチュウ・ベイビー」などとアホらしい曲を繰り返し流している。こちとらはベイビーなんかじゃないっちゅーの、ベイビー！

或る終末論

四月十一日

大地震のあと時おり揺れを感じることが続いている。気のせいかな、と思うこともあるが、たいていの場合は実際に揺れている、あるいは揺れていたことが分かる。この間の大地震のあと、地殻がまだ坐りがよくないので、ときどき居ずまいを正す風に揺れるのだと思いたいが、それにしては先日に続き今日の揺れも相当なものであった。地震の専門家が、今度の地震は以後一月ばかりは大小取り混ぜて執拗な余震が続くと言っていたと思うが、正直もうイヤ、もうタクサンと言いたい。

特に地震があった今日の夕方など、どんよりとした雲が空全体を覆い、このまま世の終わりを迎えるのでは、などとあらぬ考えが頭を過ぎった。なんだかグレゴリアン聖歌の「ディエス・イレ（Dies irae）怒りの神」が響いてくるような気がした。というのは真っ赤な嘘というか言葉の綾《あや》。そんなに都合よくバック・ミュージックが流れるはずもない。ところで今、柄にもなく終末論的なことを話題にしたので、今日は自棄《やけ》のやん八《ぱち》、このまま突っ走らせてもらいます。いわば私の取って置きのネタのスイッチが入ってしまいましたので。

ご承知のように、終末論とは特にユダヤ教やキリスト教にある、人間や世界の終末についての思想です。英語に限らずフランス語などヨーロッパ語ではおおむねエスカトロジー（eschatology）と書きます。どん詰まりということでは糞尿と同じなのですが、まさか崇高な宗教思想を糞尿と一緒にするに忍びないと考えたのか（ここらあたりは単なる推測であって、言語学的正確さからは外れます）、糞尿譚は二字ほど削ってスカトロジー（scatology）と表記します。煎じ詰めれば（ねっ、やっぱし詰めるでしょ）同じことなのに。だって犬の糞など踏んで、あゝこれで運も尽きたって言いません？言わない？　あっそう。

ところが、ヨーロッパで唯一、ユダヤ教、キリスト教、そしてイスラム教が深く交じり合った歴史を持つスペインでは、ちょっと事情が違うんであります。つまり悪く言えば糞味噌一緒、終末論も糞尿譚もともに escatología と書くんですわ。嘘だと思ったら辞書を引いてごらんなさい。

サド侯爵の国フランスには、大脳皮質かなんかを微妙に刺激する官能的な文学がたくさんありますが、スペインにはそのものずばりのポルノはあるかも知れませんが、フランス風の官能小説はあまり発達しませんです。代わりに、『ドン・キホーテ』にはサンチョが太い木につかまって脱糞する場面が……おっと、実際にあったかどうか自信がありません、調べようとすればすぐ調べられるのですが、ちょっと面倒です。

それなのに、スペイン・中南米文学の大家であられる或る大先輩が、私の書くものの中に時おり糞尿譚が入っているなどと非難するのであります。（あ、そこが話の本筋か）。ところが私にとっては出るか出ないか、が大問題なのです。妻は言葉で意志表示ができません。ですから便器に坐らせても、それが大なのか小なのか、分からないのです。空しく十分くらい待って、結局何も出ないことだってあります。だから耳を澄ませて、あっ今は小の音だ、あっ今度のは大が水に落ちる音だ、と判断しなければなりません。そのときの喜び、分かります？ 寅さんの「四谷、赤坂、麴町、ちゃらちゃら流れる、御茶ノ水……」という口上ではありませんが、私にとって、一日のうちの大仕事がそのとき無事完了するのであります。

これは下品だとか柄が悪い（同じことか）とかの問題ではなく、まさに最重要の一事なのであります。私にとっては、すべてがこの一事にかかっているのであります。うまくいけば（出れば）、その日は祝福されたも同然、もう矢でも鉄砲でも持って来い、と肯定的な気分が全身を駆け巡るのであります。

先日も便所の中に一緒に居るときに揺れが始まりました。一瞬、ここで死ぬのはイヤだ、と思いましたが、でもここで終末を迎えるのは時宜にかなったことかな、とも思ったのであります。地震よ、大地の揺れよ、汝など我ら夫婦の終末に較ぶれば、なんぞ怖るるに足らん！

東北のばっぱさん

四月十二日

時おりあのおばあさんの姿が目の前にちらつく。双葉町だったか、一〇キロ圏内ながら迎えに行った役場の人に向かって避難することを丁重に断って家の中に消えたあのおばあさんである。その後あのおばあさんはどうなったかは知らない。しかし毅然とした彼女の態度が、胸に深く刻まれたままである。

確かあのとき、家の中には病人のおじいちゃんがいたのではなかったか。「私は自分の意志でここに留まります」といった意味の老婆の言葉に、困惑した迎え人がつぶやく、「そういう問題じゃないんだけどなー」

いやいや、そういう問題なんですよ。君の受けた教育、君のこれまでの経験からは、おばあちゃんの言葉は理解できるはずもない。ここには、個人と国家の究極の、ぎりぎりの関係、換言すれば、個人の自由に国家はどこまで干渉できるか、という究極の問題が露出している。たとえばおばあちゃんがそこに留まることによって、第三者に害が及ぶ、たとえば彼女が伝染病などに罹病している場合、とはまったく違う。あるいは、たとえば彼女が明らかに自殺の意志を表していた場合なら、あるいは強制的に彼女を保護することもできよう。しかしあの時の彼女はそのいずれとも違う立場にあった。

これとは逆の、しかし根柢では共通する別の事件が、そしてその際しきりに人々の口の端に上った言葉が頭に浮ぶ。海外の危険地域で人質になった若者へ対して、いわば国を挙げて投げつけた「自己責任」という言葉である。前者は個人の意志に反してまでも保護しようとする国の意志、そして後者は、おのれに従わない者を冷たく突き放そうとする国家の意思である。この場合、個人に対する相手を「くに」とは呼ばずにあえて「国家」と呼んだ。つまり国家とは、時の統治者、上は総理大臣から下は……その国家の意思を体得し、あるいは体現して、現体制を支えるすべての者を指す。

国家の非常時、たとえば戒厳令下の場合はいざ知らず、あるいは平常時であっても法を犯さないかぎり、国家と個人の関係は庇護する者と庇護される者という実にありがたい関係にある。ふだんは意識しないが、海外を旅行する者にとって、パスポートに書かれている文言はどれほど頼もしくありがたいことか。「日本国民である本旅券の所持人を通路故障なく旅行させ、かつ、同人に必要な保護扶助を与えられるよう、関係の諸官に要請する。日本国外務大臣」なんと頼もしい後ろ盾であろう。

しかしこれが、ひとたび国家の意思に逆らおうとしたら、あるいは犯罪でも犯したりしようものなら、たちまち国家は冷たいジュラルミンの盾で武装した機動隊員の列に、あるいは手錠でこちらを拘束する者へと急変するだろう。

ふだん私たちは、厳然として存在する国家と個人のとてつもない距離を意識していない。旧満州で終戦を迎えたとき、僻地熱河にいた私の家族は幸いにもそうした悲劇には巻き込まれなかったが、多数の開拓民は敗走する皇軍に見棄てられた苦い経験を持っている。沖縄戦でも似たような悲劇を体験した。つまり国家は、ひとり一人の国民を見ているわけではないのだ。二〇キロ、三〇キロラインの策定にも、ひとり一人の、そうあのおばあちゃんの顔など見えるはずもない。もともとそういう関係なのだ。

被災した県や市町村の長たちが復興支援を求めて、首相や関係諸大臣に陳情という形をとるのは当然と考えるべきかも知れないが……でも国家エネルギー政策の不備によって起こされた大事故の後でも平身低頭の挨拶しかないのか……そんなときである、忽然とあのおばあちゃんの姿が浮かび上がる。おばあちゃんなどと他人行儀の呼び方ではなく、もっとふさわしい呼び方をしよう。ばっぱさん！

ばっぱさん、あなたは今どうしていますか？　あなたのところから少し南に行ったいわきの在に、今は亡きもう一人の偉いばっぱさんがいました。ご存知でしょ？　菊竹山の吉野せいさんです。生きていたら間違いなくあなたに声援を送ったでしょうに。もう少しで九十九歳になるわが家のばっぱさんも、きちんと説明してやったら、きっとあなたに応援メッセージを送ったと思いますよ。腰砕けのだらしない男たちにくらべて、東北のばっぱさんたちは一本筋が通ってます。凛として潔い。

あゝ、ばっぱさん、あなたの連れ合いはお元気ですか？　今朝も残り少ない手作り野菜で、少し濃い目の味噌汁を作ってやりましたか？　どうかしたたかに生き抜いてください。機会があれば、いつかお会いしたいですね。

私の湯沸かし器は何シーベルト?

四月十三日

大震災前から美子の歩行が少し覚束なくなっていた。それだけでなく、歩くときも椅子に坐るときも、体を右に傾げるようになっていた。一昨年の夏に脊椎損傷で六時間に及ぶ大手術が成功して、歩くことさえできればなんとかなると思ってきたのに、ここにきてそれが怪しくなってきたのだ。町の西手に新しくできた整形外科のクリニックが診療を再開したらしいと聞いていたので、昨日電話してみると、テープの自動音声が十八日からの診療再開を告げていた。まだだったわけだ。そこでまさかやっていないだろうと思っていた大町病院に「だめもと」で電話してみた。するとなんと今月の四日からやっている、しかも整形外科では、美子の手術を担当した佐々木医師と飯塚医師が二人で外来を診察しているという。知らなかった!

今日は朝から上天気、気温も上がってきた。朝食後、さっそく病院に行ってみた。正面玄関は閉鎖され、出入り口は西側の、通常は救急入り口が臨時の玄関になっていた。しかし中に入ると、待合室も廊下もいつもの賑わいを見せている。だが整形外科前の廊下で待っているあいだの会話の内容はもっぱら津波被害や避難所暮らしの辛い経験についてのようだった。思ったよりも早く順番がまわってきた。佐々木医師と久し振りの挨拶を交わしたあと、触診をしてもらう。心持ち右肩あたりが凝っているようだが、念のためレントゲンを撮ることになった。しかしかなり時間が経つのに、レントゲン室の扉が開かない。ちょっと心配になったが、やはり美子が指示を理解できないので、ちょうどいい姿勢が取れなかったためらしい。

さてレントゲン写真を見ながら佐々木医師の再度の診察となったが、やはり手術跡には何も問題ないが、脳の方を調べてもらっては、と内科検診を勧められた。このまま経過を逐次ご報告するまでもないので、結論から言うと、その後、脳のＣＴスキャンをしてもらい、内科の佐々木医師がそれを見ながら説明してくれたが、認知症がかなり進行して、前頭葉や海馬に隙間ができている、という。脳神経外科（？）でさらに詳しく診てもらっては、と言われたが、効く薬がない以上、それ以上の診察は必要ないと判断した。ともかく体を動かすことや、テレビなどいろんなことに興味を持たせるように、と勧められた。そのとき、医師のカルテに「東京新聞」のコピーが挟まれていることに気づいた。整形外科の佐々木医師に、いわば挨拶代わりに、というか、応援のつもりで、先月二十二日号に佐藤直子記者が書いた記事を渡したのだが、他の同僚医師たちにもさっそくコピーを回してくれたようだ。

ともかく外科的な問題でないことが確かめられて、ひとまず安心した。

さて帰宅して昼食後、新しい気持ちで（？）散歩に出たのだが、その前に寄った郵便局で、久し振りにわが瞬間湯沸かし器が沸騰する事件が起こった。簡単に言えば、昨日相馬局に来ていたはずの娘からの軟膏入りのゆうメールが、取りに行ってくれた西内君にはまだ来ていない、と答えたのに、実は来ていましたと直後に電話が入った。それだけでも頭に来ていたのに、今日は九時には原町局に届くように手配しますと言ったのに、私が行ったときに、またもや何も届いてません、と言われたのだ。瞬間湯沸かし器がそのとき沸騰、さあ何キロシーベルトになったかは分かりません。「何言ってんだい！　もう一度見て来い……」その後何て言ったか覚えてませーん。

そしたらしばらく後に極まり悪そうに持ってきましたよ、薬の封筒と、さらには佐藤記者が送ってくれた「東京新聞」の束を！　渡すときに、またもや印鑑かサインを、と言うので、湯沸かし器の再沸騰！「あのねーあんた方はお客さんに郵便物を届けるっちゅう一番大切なことをしないでいて、ハンコハンコとちっちぇー仕事はまじめにやるん？　しっかりしてねー、サービスサービスって言ってたのどこのドイツ？　えっーえっー！」二回の沸騰で湯沸かし器の方もどこか蒸気が漏れたんでしょうか、シューシューと言葉になりませんでした。

でもその後に寄った夜の森公園の桜は、いつの間にか七分咲き。きれいでしたぜー。どこかのおじいさん（と言っても、私と同年配か）、避難所でさんざん苦労して帰ってきたけど、桜は今年も咲いてくれましたねー、とニコニコ顔。ほんにそうだ、人間界の馬鹿騒ぎ（いやこれは地震・津波被害のことではありません、ゲンパツ騒ぎの、それも迷惑をかけた、いやまだかけ続けているヤツラのことでござんす）を横目に、自然は例年のように嫣然たる笑みを浮かべているんでごぜえやす。ありがたいっすねー泣けますねー。

答えのない問い

四月十四日

原発事故を含めての今回の大震災を私たちはどのように受け止めたか、どう対応したか、それこそ千差万別である。受けた被害の大小、家族などの人間関係、そればかりでなくまさにタイミングの問題も絡んで、実に多種多様な人間模様が浮き彫りになった。もちろん大震災のもっとも深刻な部分は現在進行中であるから、どれが正しい選択であったか、どれが不適切であったかは、それこそ予断を許さないし、私としては将来ともそれを判定する気にもならない。巻き込まれたすべての人がいわば被害者だからだ。もちろんゲンパツ事故は、何度も主張してきたように紛れようもない人災である以上、その責任は今後厳しく検証され、必要なら手厳しい法的責任をも問われなければならないのは今さら言うまでもない。

しかしいま私が考えているのは、ゲンパツ事故以後に起こった事態、つまり政府によって策定された避難や屋内退避の指示を受けての人々の反応についてである。先日話題にした双葉町のおばあちゃんは数少ない例外として、二〇キロ圏内の避難指示にはさして選択の余地は無かったであろう。もちろんいったん避難したあと、情勢の変化というよりは無変化に業を煮やして、ときには町ぐるみの新たな避難地への移動はあったが。

つまりいま私が言うのは、まさに私自身が置かれている屋内退避指示地域での対応の諸相についてである。もちろんこの指示とて時間の経過と共に、自主避難勧告、さらには現在、計画避難なんとかというわけの分からない区分けが加わっているらしい。「らしい」と言ったのは、当地での現在の環境放射線値の極端な悪化、飲用水の劣化、そしてもっとも重要な風向きによる危険度の増加がない限り、みずから避難する意志などこれっぽっちも持ち合わせていないからだ。

話をもとに戻すと、すでに報告済みのように、当初、当該地区の市民の八割近くが「自主避難勧告」以前の自主避難に踏み切った。しかしその後、徐々に避難先から戻ってくる市民の数が増え、正確な実数（市役所さえそれを把握していないであろう）は知らないが、避難者と残留者の数は逆転していると見て間違いないであろう。たとえば再開した店舗、部分的ながら診療を再開した病院など、徐々に市民生活は息を吹き返している。私ならずとも、放射線値の悪化などが無い限り、市民たちはもはや再度の避難はごめんだと思っているに違いない。

さて前置きが長くなったが、ここからが実は本題である。といってあらかじめ答えが用意されているわけではない。私自身がその前に大きな疑問符を抱いて立ち止まっている問題だからだ。今日の午後のことから話し始めようか。午後、避難所にいる友人から電話が入った。事故の翌日から、何度か心配になって電話をかけたがだれも出ず、避難したのだろうと思っていた友人からの電話である。彼ばかりでなく、日ごろ親しい付き合いのあった友人が何人か、まったく消息がつかめなくなって久しい。それぞれ避難所もしくは子どもや親戚の家に避難したのであろう。

ところで友人は避難所生活の素晴らしさを長々としゃべった。要するに避難所生活も捨てたものではなく、皆に親切にされるし（彼は持病を抱えている）、友人もできた。昨晩などフランス料理のシェフが出張してきて、皆に美味しい料理をふるまってくれた……ところが聞いている私は、正直に言うと、ことさら避難所生活の良いところを強調することの中に、裏返しに、いわば根扱ぎにされた不安定な非日常にあえて目をつぶった虚勢の響きを感じてしまったのである。しかし他人のことは言えない。もしかして、タイミングが微妙にずれて、私も彼と同じ選択をしていたかも知れない。それを踏みとどまらせたものは何か？　正直に言うと、究極のところは自分でも分からない。秤の針が一瞬どちらかに振れるように、一方に傾いたからだ、と言うしかない。

大災難に遭遇して、かえって私たちは一体感を再認識したし、いまや心を合わせて、一つになって、復興を目指さなければならない、と毎日のように叫ばれ励まされている。そうであろう。それを否定することなぞできるはずもない。しかし……今度の震災を機に、私たちがどれだけばらばらであったか、そしてその距離は互いの努力なしには、これからも埋められるはずもないのだ、という冷酷な現実もまた知らされたのではなかったか。わが家にもそれはあった。極限状況に置かれたがゆえにこそ、その違いがはっきり意識されたのである。つまり今度の大震災は、人々の心を互いに結びつけると同時に、また互いの違いをも苦く実感させたはず。だからこそ能天気な「日本は一つ」式の応援歌に、心のどこかで違和感を持つのだ。

先ほどの疑問、なぜ私たちは、それぞれ多様な選択をしたのか、という疑問に正解は無いのかも知れない。そして結局最後に残るのは、私たちは何と不安定な存在か、予測できない事態に遭遇して、一瞬のうちに根扱ぎにされてしまう何と弱い存在であろうかということ。ただここで念のために強調しておかなければならないのは、そうした不安定な位相に人間を追いやるのが自然ならまだしも、愚かな政治や、結局は投機的な欲望を正当化する国際経済の犠牲にだけはなんとしてもなりたくない、ごめんだ、という強い思いである。

肉親さえ一瞬のうちに失うという悲劇の直後に、テレビから流れて来るニュースがその結果円相場の暴落が始まったとかなんとか、その残酷なアンバランスを不思議とも矛盾とも受け取れなくなっているとしたら、つまり人間の不幸がだれかの投機的な欲望を刺激する契機となっている世界経済の狂った現実を不思議とも思わなくなっているとしたら……あゝそこまで問題を広げると収拾がつかなくなる。

ともあれ、この大震災とりわけゲンパツ事故は、私たちにさまざまな、そして最重要な問題を突きつけていることだけは確かである。それにしては授業料が高すぎるが……。

翌朝の追記

いつもそうだと言えばそうなのだが、昨夜書いたもの、自分でも何か釈然としない、何か奥歯に物が挟まっているような気がしていた。朝、起きしなに、そうだ一番言いたかったことを書いていなかった、ということに気がついた。それはこういうことである。

私にとって重要な決断がいつもそうであったように、今回の決断も、選択の余地のあるものをいくつか、あるいは最終的には二つ、のプラス・マイナスを比較対照してのものではなかった。つまり決断の際、ほとんど逡巡しなかった、秤の針が一瞬のうちにどちらか一方に傾くように、気がつくとすでに決断していた。

大事なことについては、日ごろから考えてきた、それも学問的・理論的にというより、生（せい）の重心に触れ合うところで考えてきた、ということだ。なんだかこう書くと剣の達人の境地を言っているようで誠に面映いが……。

ずばり本当のことを言えば、重要な決断の理由はすべて「後付け」そして「理屈抜き」だということ。

あゝ、ちょっとスッキリしました。

追記の追記

「生の重心」という分かりにくい表現を使ったが、言い方を換えればものごとを根っこから考えてみること（それは幼児の発する「なぜ?」に近い）。「根っこ」はラテン語でradix、その意味で言うなら私は「根っこ主義者」、radical、「根源主義者」。もちろん「過激主義者」とも「原理主義者」とも違いまっせ。むしろその対極に立ってます。

しまった寝過ごした！

四月十五日

午後、大震災後初めて新田川河畔を散歩してきた。温かい春の陽ざしを浴びて、ここにもほぼ満開に近い桜が咲き誇っていた。そばの第一下水処理場そのものは稼動しているのであろうか、かすかにモーター音が聞こえてきた。そして川面には鴨の家族がいくつか流れのままに浮かんでいた。

こうしてなし崩しにかつての日常に戻っていくのであろうか。そうであって欲しいと言う声と、そうであってはならないと言う声が私の内部から聞こえてくる。

ともかく自分のいるところからそう遠くないところで、いまだ終息の見通しの立たない事故が継続しているという事実を、いかに考えまいとしても無理な話である。たとえば今日午後六時現在の例の環境放射線値が〇・六〇と、記憶しているかぎりでは最低値をマークしているが、それを手放しで喜ぶわけにはいかないのだ。なぜならその数値のすぐ上に平常値は〇・〇五であると書かれているから。つまりこれでも平常値の……六〇割る五……一二倍。でもそれが何を意味しているか、それさえ分からない不安。だからとりあえずかつての平常値へと戻って欲しい、かつての平和で安全な日常へ戻ってほしいと切に願ってはいる。

しかし同時に、かつてのような日常へもはや戻れない、いや土台それは無理であって、すでに何かが根源的に変化したのだと告げる声も聞こえてくる。地震・津波被害に遭って、土地・田畑・家屋、いやいや肉親さえも一挙に失った人たちはもちろんだが、土地・家屋の損壊を免れた人たちであっても、たとえば放射線で汚染された田畑がはたして耕作可能なのかどうか、あるいは最悪あと何年待たなければならないのか、とある意味ではさらに深刻な問題が突きつけられているのだ。

しかしいずれの被害をも辛うじて免れた、たとえば私のような者にとっても、もはや以前のような日常が戻ってくるわけではない。何かが根源から変化したのだ。放射能がどれだけ土地や身体に蓄積されたかどうか、今後長期にわたって監視が必要であることはもちろんだが、変化はそれだけではない。つまり今度の大震災とりわけゲンパツ事故によって、私たちの生活がいかに脆弱な基盤の上に立っていたか、そしていかに無能で頼りにならない行政府の手にゆだねられていたか、を知ってしまったのだ。

この最後の発見は、しかし真実への覚醒という意味で、これからの私たちの生活再建に当たって重要な意味を持っている。高い授業料を払って得た貴重な宝とさえ思うべきだ。ここから得られる指針は無数にあると言ってもいい。それを乱暴にまとめてしまえば、「くに」とは一義的には「ひと」であるということ、そしてその「ひと」は一人ではなく、助け合い支え合うたくさんの人から成っているということ。

フランスのルイ十四世は「朕は国家なり」と言ったそうだが、それとはまったく別な意味で「私たち一人ひとりは国である」ということができる。つまり双葉町のおばあちゃんが国家と立派に、対等に渡り合った（おばあちゃんにそんな気はなかったとしても）ようにである。地方分権以前に、いやむしろその根拠として、まず個人分権がなければならないのである……やばい、私自身がまだ踏み込んだことのない領域に入り込んでしまった、退却します。

日本におけるエネルギー資源がどのような割合で得られているか、実はよくは知らないが、「原発を放棄して、あなたは今の快適な生活が三割方不便になっても我慢できますか」とかいう脅し文句が囁かれたことがあったように記憶しているので、原発は三割の発電量を担ってきたのか。いずれにせよ、その脅し文句に震え上がるようでは、今回の大震災から何も教訓を得なかったといわなければならない。君がどんなに「さあ心を一つに強い日本を再建しましょう」などと言っても、そんな君と肩を組む気にはまったくならない。

気がつくと、今夜も自分でもまだしっかり考えたことの無い領域に話をもっていきそうなので、今日はこの辺でやめておく。最後に、このブログを読んでくださっているある人から、昨年十月四日に、私が「原発銀座に住んで」と題する文章を書いていたことを指摘された。急いでその文章を見ると、最後をこう締めくくっていた。

「原発立地市町村に行くと「原発は環境にやさしい発電方式です」と立て看板が目立ち、テレビでは原発がいかに安全な電源であるかを宣伝するコマーシャルが毎日のように流され、地域の回覧板には定期的に原発の必要性を説く一方的な情報が伝えられる。そして今年、これまで八年間凍結されていたプルサーマル化もついに条件付ながら認められるという新しい局面を迎えているのに、地域住民の関心は低く、立地市町村は原発頼みの財政が破綻しているにもかかわらず、またぞろ甘い汁を吸うことに躍起となっている。地下鉄の車両はどこから地下に入れられたのかを考えると夜も寝られない、という春日三球・照代の漫才があったが、ほんと原発問題を考えると夜もおちおち眠れなくなる。ともかく私はこの問題に関しては無知蒙昧もいいところ。とりあえずはしっかり寝て、起きている時は注意おさおさ怠らないようにしたいものだ。」

健忘症もここまで来ればりっぱなもの。ほらね、原発問題を警戒しないでぐっすり寝すごしたらこの始末。

もう一つの液状化現象

四月十六日

千葉県など関東各県で今度の大震災の結果、かなり深刻な液状化現象が起こっているそうだ。そのニュースをテレビで見たとき、思わずもう一つ別の液状化現象のことを考えてしまった。つまり今度の大震災の結果、はしなくも現われ出た魂の液状化現象のことである。実例からお話しした方がいいかも知れない。

今日の昼前、原町郵便局に四個の荷物を受け取りに行った。愛知県に住むAさんが先月の二十二日に（！）、なぜか「ゆうパック」では受け付けてもらえずに「定形外郵便物」として送った私宛の支援物資である。実はその後、私のところにまだ届いていないことを知ったAさん、ここ十日ばかり毎日のように差し出し局に連絡して荷物の所在を確認しようとしたが埒が明かなかった、というかはっきりした返事をもらえなかったそうである。しかし昨日だったか、ついに最終的に行き着いていた郡山局の局員から連絡が入ったそうだが、そこでも最初のうちは荷物がどこにあるか分からないから受取人（つまり私）が郡山まで来て荷物の山から探し出しては、とまで言われたそうだ。

その間、彼女が耐えなければならなかった精神的苦痛を思って腹が立ったが、本音を言えばまたもや局で瞬間湯沸し器が沸騰するのは嫌だな、と怖れてもいたのである。ともかく最低のところ、荷物を車のトランクまで運ばせよう、それでとやかく言われたなら仕方ない、自然沸騰にまかせるしかないか、と。ところがである、いたんですなーまともな局員が。受け取りに来たたくさんの客の中から手を上げた私を見つけた若い男は、荷物が多いので、外にあるカートでお客様の車まで運びます、と言うのだ。そして運びながら、心からの詫びの言葉を口にした。こうなると瞬間湯沸かし器は一気に温度を下げ、いや下げるばかりか思わず励ましの言葉が口をついて出たんですなー、「大変だけど、頑張ってねー」と。すると彼、「はい、ありがとうございます。頑張ります！」と真剣な面持ちで答える。いやー嬉しかったです。

つまり今回の大震災で、見てくれだけの土地が液状化したように、社会のあらゆるところに存在した外面だけの、体裁だけは立派だが、実は非常時にあっては、組織やお上の指図がなければ何もできない無能で無責任な、ただの木偶（でく）が露出したかと思えば、ふだんは目立たなかったが、実は職務に忠実で、しかも人間的に幅のある有能な人間の所在をも明らかにしたというわけ。

ともかく今回の大震災によって、私たちの住む社会が実にやわな土台、すぐに液状化してしまう人的構成によって成り立っていたことが判明したのである。たとえば物を運び届けるのが命の人たちが本来の責任を果たさず、病人や高齢者を守るべき医師やスタッフがその責任をいともたやすく投げ出し……そうした液状化現象を地図上に描いたとしたら、土地の液状化などよりはるかに深刻な、広範囲でしかも深度のある液状化現象の真実が一目瞭然であろう。

液状化を防ぐ方法としては、埋め立ての前に地面の要所要所にくさびのようにパイルを打ち込むことだそうだ。そうしておけば地震などによって起こる液状化を防ぐことができるらしい。では人間の魂あるいは精神の液状化を防ぐには？　社会の成員一人ひとりが、常々、自分の役割を自覚し、ときに再認識することだろうか。なんて言うと、修身の教科書（といって私自身は戦後教育の最初の一年生で、修身がどんなものかはまったく知らないが）や道学者の臭いがしてくるかも知れない。

いや私の言うパイルは、そういった職業上の倫理規定などよりもっと基本的でシンプルなものである。要するに、その人の職業がどうであれ、誰しもが持つべき基本的な要件、つまり人間は互いに助け合い支え合うもの、という人間の基本条件を、単に頭だけでなく骨の髄まで体得していること。

でもそれって、このごろテレビでしょっちゅう流されている福島応援歌の「アイ・ウォンチュウ・

ベイビー」、あるいは「笑っていいとも!」オープニングの一糸乱れぬ「こんにちはー」で醸し出される一体感とどう違う?

うーん難しいね。ただ言えることは、人間同士、実はそれぞれまったく別の人格・個性を持っていることを認めた上での、つまり人間存在の原悲劇とも言うべき悲しみを土台にした連帯感だと思うよ。つまりいま、とくに大震災後に日本中に渦巻いてるお涙ちょうだい式のセンチメンタリズムの対極に立つ連帯感かな……やっぱ説明するとなると難しいね。ここはみんなで一度ゆっくり考えてみよかー。

液状化を止めるもの

四月十七日

夜の森公園の桜が見事だった。いちばん多いソメイヨシノがいまや満開、そして中に紅色の小さな花をつけた何と言う桜だろうか、アクセントを添えている。例年ならたくさんの屋台が並び、スピーカーから若者狙いのポップスが流れているのだが、今日はいっさいの音がない。見物客はそれでも十五人くらいはいただろうか。実に静かな花見である。寂しい気がしないでもないが、しかしこれはこれでなかなか風情がある。石のベンチに坐り、少し汗ばむくらいの陽光を浴びてしばし桜見物。茶色のダックスフントを連れた小柄なおばあちゃんが通りかかる。「おばあちゃんは避難してたの?」「んだ」「で、このわんちゃんは?」「預かってくれる人がいてー置いてったんだけど、気になってなー」「でもお宅のわんちゃんは幸福だよ。置いてかれたわんちゃんたちが町をさまよってたよー」「ほんとにむごいことになー」

駐車場でダンボールを重ねた急ごしらえの屋台で焼き鳥やサイダーなどを売っている若者が一人いた。目が合うとにこやかな笑顔を見せる。なにか買ってあげたい。「お兄ちゃん、ここの人?」「ええ、すごそこの南町」「焼き鳥もらおうかな?」「ありがとうございます。売り上げ金は市役所にとどけるので助かります」「えっ、義捐金にするの。いいよ兄ちゃん、全国から義捐金が集まってるんだから、兄ちゃんの儲けにしなよ」「いやとんでもないっす。俺よっか困ってる人がいっぱいいるんすから」「そう、偉いなー、若い人に頑張ってもらって、この町を建て直さなきゃねー」「はい、頑張ります」

昨日の局員に続いて、ここにも頼もしい若者がいた。地域社会の液状化を防ぐ細いがしなやかなパイルがここでも確実に地面に打ち込まれている。悲観することはない、この町はきっと立ち直る。車を走らせながら、熱いものが込み上げてきて、景色が膨らんで見えた。

先日も、わが家の屋根の隅棟(たしか地元ではゲンだったか二字の通り名があったはずだが忘れてしまった)の一部が崩れていることに気づき、いつも修築などでお世話になっている吉田建業さんに電話したところ、二日後、だれかが屋根に上っているような音がしたので外に出て見ると、なんといつのまにか吉田さんが来て応急措置をしてくれていたのだ。お代は、と聞くと、いやいや今日のはいい、本格的に直すのは少し先になるけど、当座、雨漏りなどの心配はないから、と言う。彼は震災後、一時は避難したが、数日を経ずして町に戻り、いま日に七、八軒の家を廻って修理して歩いているそうだ。

この町も捨てたもんじゃない。液状化を止める働き手が何人もいる。東電はようやく事故終結への工程表を発表したが、そんなものを当てにするわけには、つまり待っているわけにはいかない。吉田さんや今日の若者のように、もう再生は待ったなしで始められている。

ときおり見るテレビにも、嬉しいニュースが少しずつ報道されるようになってきた。どこの漁師さんだったか見そびれてしまったが、国の補助金や賠償金など待っていないで（当然出るだろうが）まず船を購入して、これまでのように一家に一隻ではなく三つの家族が一隻を共同で所有して漁に出るやり方を始めるという。また、津波で塩分を含んでしまった田にともかく苗を植えて、その都度塩分を繰り返しくみ出すやり方をしようとするお百姓さんもいた。たぶんこのお百姓さんの心の中には、これからはころころ変わる国の農業政策にはもはや振り回されないぞ、という強い決意があるのでは、と想像する。

クソ原発事故になぞ負けてたまるか！　がんばれ東北、がんばれ日本！

おや、テレビのコマーシャルと同じ？　いいやどちらでも、元気が出てくるなら。

敵は城中にあり

四月十八日

今日の午後は三つも腹立たしいことが続いて、さしもの瞬間湯沸かし器も沸騰する暇も無かった。

そのうちの一つは腹立たしいというより残念なこと、極めて個人的なことなのでここでは触れない。

第二のことは、十和田に移った息子が、年金手続きのために納税証明書（ただし息子の場合は非課税証明書）が必要なので、市役所に行ってくれないかと言う。それで、美子を後部座席に乗せて市役所に行ったときのことである。所内は被災証明書を申請する市民たちでごった返していた。所定の用紙に記入したものを窓口に出して待っていると名前が呼ばれた。しかし証明書らしきものは係りの手にはない。ちょっと嫌な予感がした。すると案の定、非課税証明書は本人が申請するか、もしくは委任状が必要と言う。分かった、しかしその委任状といっても、印鑑さえ押していればそれが本人かどうか調べようがないんじゃない、それにだいいち、私が息子の父親であることは先ほど見せた運転免許証で分かったでしょう、それに息子の納税いや非課税証明書をどう悪用できます、この非常時、杓子定規の扱いはしないで、出してくださいよ。すると相手の若い男、非常時だからこそキッチリ決まりを守らなければ、などと反論したもう。駄目だこりゃ。十和田から文書で請求させることにした。

もう一つ。これも息子がらみのことだが、息子は十和田の郵便局に転入届けを出して自分たち宛ての郵便物だけは十和田に転送するよう依頼したのに、今日、パパ（つまり私）宛ての手紙五、六通が息子のところに配達されたという。この案件もついでだから、と市役所の帰りに郵便局に寄り、そのへんの経緯を調べてもらうことにした。すると係りの者はそれはうちじゃなく郡山局の管轄だ、と抜かしおる。ええっお宅、日本郵便でしょ、どこの管轄もクソもない（とは言いませんでしたが）、即刻調べろ！、と少し（ですかー？）語気を強めると、はい連絡してみます、とあわてて答える。でもこっちが強面で迫ると、どうしてこうすぐ反応するの？

ともかくかなり待っていると、郡山局は混雑していて時間がかかりそうですので、あとからお宅の方にご連絡します、と言う。そう言われたら仕方がない、待つしかない。

話を端折ると（ここまでだってずいぶん長い説明）、そのときが三時半、そして局から返事があったのは、何と！何と！、今さっき、つまり六時五十五分だどーっ。実はその間、あまりに返事がなく、しかも原町局の電話にはだれも出ないので、ネットで郡山局の電話番号を調べて話をつけようとしたのだが、ここもまたいい加減。こちらでは分かりませんので、と〇八〇で始まるケータイ番号を三つも教えられる。ところがこのいずれも圏外です、とか電源が切られてます、とかとんでもない返事が返ってくる。それだけで四十分ほど浪費。どうにも腹が据えかねてもう一度先ほどの電話にかけると、出なかったんですか？　あゝそれは五時を過ぎたからかも知れません、といけしゃーしゃーの答え。ここで沸点を越える。すると、相手の女性、上司に話してみます。初めからそうせーや。ただし出てきた上司どの、苦情専門の上司なのか、申しわけない、係りの者がいっかつ十和田に転送したようです、以後気をつけます、とものすごく低姿勢。こっちも単純なものだから、急速にクールダウン。善処方を頼んで、長いながーい交渉劇に幕を引く。

すごいっすねー日本郵便のこの体たらく。だれか関係者がこれを読んでいたら、お願い、ちょっと注意してやってくださいよ。

いや前置きが長くなりましたが、今日の本題はこれからです。お疲れでしたらどうぞお茶など飲みながら聞いてください。

本題の方も気が滅入る話である。実は今朝、ネットの朝日新聞を見ていて仰天した。一六、一七日、つまり昨日、一昨日、朝日が独自にやった原子力発電の今後についての世論調査によると、「増やす方がよい」が五％、「現状維持にとどめる」が五一％、「減らす方がよい」が三〇％、「やめるべきだ」が一一％だった、というのだ。

つまり今回の大事故の後でもなお半数以上の人がこのまま原発を維持すべきだと言っているのだ、ウッソだろー、ええっ、それ本気なのー。頭狂ってんのとちゃう？

「強い日本、みんなで一緒にガンバローっ」っていうのは、原発続けて頑張ろうって言ってんの？こないだの余震で心が折れたなんて思わず弱音を吐いたけど、この世論はそれどころじゃないショック。こんな時にも、テレビでは宇宙飛行士の「地球は綺麗かった」なんてノー天気な話をしてるけど、美しい地球を原発でアバタだらけにして、地球の回りに宇宙船の残骸をグルグル旋廻させて、それで地球は美しいはないべさ。あなたがた地球をぼこぼこにして地球を見棄てる気？　それはないべさ。宇宙開発に投じる巨額のお金で、今も戦死や餓死をしている何十万（ひょっとして何百万？）の可哀想な人たちが救われるんと違う？

思わず宇宙開発まで話は飛んでしまったけど、いったい地球をどうするつもり？

ドイツは一足先に脱原発を表明したのに、唯一の被爆国日本が何やってんの？　ああーほんとやってらんねーよ。といって放っておくわけにも行かないし。俺、もう今夜からぜったい「アイ・ウォンチュー・ベイビー福島♪ー」なんて歌わないからな。えっあのグループ、バリバリの反原発論者だったら？　あゝ、そんなことないと思うけど、もしそうだったら俺彼らの追っかけになってもいい。

いや正直、がっかりしてます。事故の工程表が出て、さあこれから、と思ってたのに、半数以上の同胞をこれからどう目覚めさせるか、と思うと目の前が暗くなります。

そんなこんなで文章になりません。それで、先日は昨年十月の文章を一部紹介させていただきましたが、今晩は今から約十年前（二〇〇二年九月）に書いていた二つの文章を引用させていただきます。実はホームページの「研究室」の中の富士貞房作品集の中にある文章なのですが、初めての人には分かりにくい場所なので、あえてここに紹介させていただきます。

福島第一原発の町で

今日は十日ごとの大熊町訪問の日。明日からは少し涼しくなるとの天気予報が嬉しいほどに陽射しの強い一日であった。いつもの通り六号線を南下していく。出かける前にちらと目に入った今朝の新聞のトップ記事「東電首脳総退陣　損傷隠し認め引責」が棘のように意識につきささったまま。

福島第一原発が双葉町と大熊町に、そして第二原発が楢葉町と富岡町にまたがって存在することは漠然と知っていた。赤と白の煙突（？）は六号線の見慣れた風景となっていた。確か東電のテレビコマーシャルで、元巨人の野球選手と早稲田のエジプト学者が東京の電力の相当部分が福島県と新潟県（？）から送られてくると話していたことにも、今までは特に問題を感じてこなかった。

迂闊なことだが、覚醒はいつも遅れてやってくる。だから福島県の知事や副知事が怒りのポーズを顕わにしていることに、なにを今更と非難する資格はないだろう。しかし嬉しいことに、原発の持つとてつもない危険性を逸早く察し、警告してきた目覚めた人たちも少数ながらいた。地元の詩人（だが中央［?］でも高く評価されている）若松丈太郎氏はそのうちの一人である。私はといえば、半年前から浜通り地方（福島県は会津・中通り・浜通りの三つからなる）に住むようになったのに、この海岸線に沿って広がる美しい土地に二つも原発があることの不気味さにようやく気づき始めていたらくである。

もしチェルノブイリ級の事故が起これば、もちろん私の住む町は立派に危険地帯に含まれてしまう。「こちらもあわせて約十五万人／私たちが消えるべき先はどこか／私たちはどこに姿を消せばいいのか」（若松丈太郎詩集『いくつもの川があって』花神社）。

原子力というこのパンドラの匣を開けて以来、人類は常に破滅の危険に晒されることになった。匣を急いで閉め、以後決して開けることのできないよう封印をすることはもう不可能なのであろうか。専門的な知識がないままに言うのだが、原子力の操作、その維持管理に絶対的な安全性など土台無理である以上、早急に封印する方向に叡智を結集すべきではなかろうか。東電事件と時を同じくして脱ダム宣言を支持した長野県民の良識と勇気に、ともあれ一縷の希望をつなぎたい。

今日も義母に対する癒し犬クッキーの不思議な力を再確認したあと、暑熱の空の下、遠目にも傲然と蟠踞する福島第一原発を横目で睨みながら帰途についた。嗚呼！

九月三日

そこに山があるから

生まれつき不精な性質（たち）だからか、不自然な無理が嫌いだ。「なぜ山に登るのですか？」という質問に、「そこに山があるから」と答えたのはだれでしたっけ。エベレスト初登頂に成功したイギリス隊の登山家ヒラリーだったろうか。この言葉、実は私、好きでない。登山を不自然だなどと言うつもりはないが、測候所などの設置とか、気象観測に絶対必要な場合を除いて、後は限りなく趣味の世界で、どうぞご自由に。だから登るのが嫌いな人を根性無しなどと言わないで（だれもそんなこと言わないか）。

ともかく上は宇宙開発から、未開地への冒険行……バイオテクノロジー……果ては政治的野心、これすべて人間の中にある、良く言えば飽くなき探究心、正直に言えば貪欲さの現われである。ためしに宗男ちゃん（もちろん鈴木さんちの）に聞いてみたまえ。「君はどうして政治家を志したのか」。彼は間違いなくこう答える。「そこに政治があるから」。もっと正確に言うと、「政治家中川一郎の背後に永田町、国会議事堂、そして究極のところに宰相の椅子があるから」。

近代の功罪については、すでに語り尽くされた感がある。あえて一つに絞り込めば、進歩幻想であろう。つまり人間は常に前進せねばならず、そしてその努力は必ずや正当に報われるであろうとの幻想である。進歩幻想は、必ずしも現世的・世俗的欲望だけにとどまらない。精神的・宗教的欲望には、さらに純化された形で、つまりよりパワーアップされた形で関わってくる。精進・苦行が時にはグロテスクなまでにエスカレートし、法悦がマゾヒスティックなものと区別がつかなくなるのもそのためである。

これまでの技術的進歩とは比べようもないほどのスピードですべてが日々、いや毎瞬毎瞬進んでいる。どこまで進めば気がすむのか。昔は一日に一、二分の誤差ですめば時計として十分用が足りたのに、今ではテレビ局のディレクターでもないのに、月十秒ほどの誤差しか出さない時計を幼稚園児でも持っている。炊飯器や扇風機にまで組み込まれた時計、いったいいくつの時計が身の回りにあるか。十くらいでは済みませんよ。でもそれは何のため？

今日もテレビで宣伝している。運転しながら行き先を瞬時にナビする新型車。おいおい、交通事故の機会を増やしてどうする（昨日の原発問題を考えようと思っていたのに、どんどん話が広がっていく。これって、やっぱし近代精神の影響？）

九月四日

雨の中の憂鬱な思い

四月十九日

午後、小雨の中を美子と車で隣町（といっても現在では同じ南相馬市の区だが）鹿島の郵便局に行ったほかは、ずっと家にいた。震災前と特に変わらない雨の一日ではあるが、ずっと一つのことが心にかかっていた。数日前に行なわれた世論調査の結果のことだ。実際の新聞がどういう見出しだったかは確かめようがないが、ネットでの見出しは「原発〈減らす・やめる〉四一％」。つまり見出しだけから判断すれば、原発批判票が四一％にもなった、と強調しているようなのだ。

確かに今から四年前の同様の調査では、「減らす」が二一％で「やめる」が七％だったから、今回のと較べると九％と四％の増加と言えば言えるのではあるが、それにしても批判票があまりに低い数値であることに愕然としているわけだ。今回の対象は全国だということだが、もしこれが被災地対象だったとしたら、どうだったであろう。反対論がもっと多くなっていたはずだという気はするが、もしかしてそう大きな違いはなかったかも……との疑いを消すことができず、正直なところ知るのが怖い。震災後、飲用水や食料を買いあさったのと同じ人たちが、生活の利便さを求めて原発継続を支持しているのであろうか。インフルエンザや伝染病に対する恐怖心と同じレベルで怖れているのかも知れない。先日も、たまたま見ていたテレビで、外国人特派員たちが今度の原発問題を話し合っていた。聞くとはなしに聞いていると、ロシア人の記者がとんでもないことを言っていた。つまり原発をことさら危険視するのは間違っている。エネルギーを得る方法はどんなものでも危険が伴う。たとえばロシアでは水力発電所の事故で百数十人かの犠牲者が出た、と。

水力発電所の事故、あるいはインフルエンザや伝染病と原発事故が決定的に違うのは、前者がたとえ被害の規模が大きいとしても一過性のもの、いつかは終息するものであるのに対し、後者はたとえ封じ込めたとしても、その危険性というか毒性が完全に消滅するには……怖いので覚える気もしないが確か万単位の年月を必要とするということである。つい数ヶ月前までは、可愛いアニメの画面で放射能廃棄物を地下数百メートルのところに安全に埋めることを引き受けてくれる地方自治体はいませんか、というコマーシャルを流していたが、素人考えでも、それが安全なはずがない、本当に安全だったら、廃物利用でブロック塀にでもしたらいいじゃん、と思っていた。

いや、やっぱり分からん。あんな大事故の後でも、しかもその終息自体がまだまだ覚束ないという時点で、原発の増設を含めた現状維持の支持者が五五％もいるということが。以前、もし原発がそんなに安全だと主張するなら、電力会社会長・社長以下上級社員の家族が原発周辺に居住することを義務付けるべきだと言ったことがあるが、それと同じ理屈で、原発推進者はどうぞ原発周辺にお住み下さい、しかも原発からの電力はどうぞどうぞ自分たちだけでお使いになっても結構です、と申し上げたい。そんなの暴論で居住の自由、延いては人権侵害に相当するって言うんですかい？　でも原発の側にはどうしても住みたくないという人の自由や権利はどう保障してくれる？

今回の地震・津波で被害を受けた大槌や気仙沼は確か吉里吉里国に含まれてましたね？　吉里吉里人は原発問題についてどうお考えですか。ヤバイ！　吉里吉里国の側に女川原発が……我慢強い東北人、粘り強い東北人なんておだてられてるうち、女川ばかりか青森にも原発が一基、女川三基、福島六基、東海一基、ななんと柏崎七基……。

せめて東北からだけでも原発を廃炉に追い込んで行きたいけど、多いっすなー

そんな折も折、夜のテレビでは、つくば市が福島県からの転入希望者に対して放射能汚染の検査を受けた証明書の提示を求めていたというとんでもない無知丸出しの対応が報じられていた。どこまで馬鹿なんでしょうかなー、日本人は。

雨の日の対話

四月二十日

「どう？　元気？　なんだか疲れたような顔してるよ」

「疲れてない、って言えばウソになる」

「またまた、そんな後楽園のキャンディーズ引退公演の挨拶みたいなこと言って」

「彼女たちが言ったのは、悲しくないって言えばウソになりますだろ？」

「どちらにしてもその言い方キライ。疲れてるんならはっきり疲れてる、って言いなよ」

「疲れてる。でもこの疲れは、このどんよりと曇って薄ら寒い天気のせいだよ。内面はいろんな怒りが種火のように燃え続けている」

「そうっ、そう来なくちゃ。ところで先日、ある人から魂の重心って何のこと、って質問されて答えはまた別の時にって言ってたな。いい機会だから、ここでちょっと説明してくれる？」

「ああ、あのこと。別なときには重心ではなく錘（おもり）という言葉を使ったこともある。要するに私たちは常日頃、重心を低くして」

「腰を低くして？」

「いやちょっと違うな。簡単に言えば起き上がり小法師（こぼし）のように重心を低くしてれば、めったなことで動揺しない、他人との比較で足元がぐらつくこともない」

「たしかそれを小津安二郎監督の撮影技法と比較したことがあったね」

「良く覚えてるね（あたりまえだよね、君は僕で僕は君なんだから）。」

「なんとなく分かるような気がするけど。でもどうやったら重心が低くなる？」

「そうねー、いろいろな答え方ができると思うけど、突き詰めて言えば〈君は君でいろ〉かな」

「そう言われてもなー。なんだかそんなことギリシャの偉い哲学者が言ったよね」

「だれがそう言ったか、なんてあんまり気にしなくていいよ。だいいち、人間にとって大事なことはもう言い尽くされていて、すべての言葉や表現はだれかの引用でしかないからね」

「イラッてきた？」

「ぜーんぜん。話を先に進めるよ。つまりだね、君は君でいる、自分は自分でいる、ってことはものすごく難しいことなんだよ。それを貞房式格言に（あっもうだれかがすでに言ってると思うよ）まとめれば、君は〈自分の眼で見、自分の頭で考え、自分の心で感じよ〉ということさ」

「でもそんなことだれもがやってることじゃない？」

「そうかい？　たとえば美しい景色を見るとするね、その時たいていの人は〈まるで絵葉書みたい〉と言って、自分の実感や感動をすでに出来上がった規範に当てはめようとする。そしてそうしないとなんだか落ち着かない。それで思い出したんだけど、今じゃ世界中の人が、たとえば有名人に会ったりするとすぐカメラやケータイで撮りたがる。実はこの現象は、むかし世界中の人が日本人を批判するときに使った例なんだよ。つまり眼鏡をかけたずんぐりむっくりの東洋人がいつもカメラを肩からぶら下げてるって」

「でもそれは日本の先端技術の普及の結果だし、テレビでもクール・ジャパンなどと言って、たとえば〈可愛い〉なんて言葉が世界中を席巻してる。むしろ誇っていいんじゃない」

「そうかなー。世界中の若者がコスプレにうつつを抜かしてるの図、単純に喜んでいいことかな。フランス印象派の画家たち（だっけ？）に浮世絵が与えたインパクトに一脈通じるって？　どうもこの種のジャパニゼーション（日本化）は、先日話題にした日本人の精神の液状化と一脈通じるって気がして仕方がないな」

「またまた問題発言を。ともかくさっきの格言を続けてよ」

「自分の頭で考える、これも実は難しいよ。先日の世論調査のことだって、みんな一人ひとり自分で真剣に考えた末の答えかな？　偉い評論家がそういったから、学校の先生がこう言ったから、テレビの論調もそうだから、それが時代の趨勢だから……でなんとなく答えているんと違うかな」

「で、最後の、自分の心で感じるってのは？」

「あゝ、これがいちばん難しい。このことを説明するのは、今日はちょっと無理、君自身ゆっくり考えてみて」

「君自身？　その君って私のこと？」

「……あっ、魂の重心・錘で思い出したんだけど、それは文字どおり〈重い〉ものだよ。たとえば話はとんでもなく飛ぶけど、私にとってはその重さに実質性をもたらしてくれるのは、いろんなしがらみ、たとえば認知症の妻の存在だったりする。病とか障害は確かにうっとうしいもの、厄介なものかも知れないが、私にとってはふらふらと重心が上がっていくのを引き止めるもの、物事の正否・軽重・適不適を決める重要な手がかりになっている」

「またまた分かりにくいことをおっしゃりますなー。まっ今日のところはここまでにしときましょうか。なれない議論で疲れてるようだから」

叔父の発明した非常用発電機

四月二十一日

もうすぐで九十九歳になるばっぱさん（母です）、やはり長旅がたたったのか十和田に移ってからは体調をくずして入退院を繰り返していたが、昨日無事退院して、二度目の新しい施設に入ったそうだ。でも過酷な避難所ではなく、愛する長男や、そして最近では恋人同然の曾孫が側にいるのだから、たとえここで果敢なくなっても（すまん！　ばっぱさん）御の字とひそかに（でもないか、いわきの姉と二人して電話で意見の一致を見たのだから）思っていたが、またもや元気を取り戻して、ちょっと怖いくらい。ところが、もっと怖いのは、帯広に住む彼女の弟（つまり私の叔父）である。ばっぱさんより五つ若いから九十三歳か。昔から仲のよい姉弟で、なんと誕生日までが（七月三十日）一緒。

今でも車を乗り回して、ダンス、パークゴルフ、カラオケと毎日遊びまわっている。

この叔父がパソコン教室のおねえちゃん（インストラクターでしょうか）の手をわずらわせて、昨日、面白いものをメールで送ってきた。感謝状と非常用発電機の写真である。感謝状とは、次のようなものである。

「感謝状　安藤健次郎殿
当社は今回の東日本大震災でエンジン工場が生産を停止し会社の存続すら危うい状況になりました。

しかし、貴殿が考案されて当社で製品化したトラクター駆動発電機が大量受注となりこの苦境を乗り切る原動力とすることができました。

よって、ここに金一封を添えて深く感謝の意を表します。

平成二十三年四月十一日　東洋電機工業株式会社　代表取締役　荒岡敏之」


大震災後は二日とおかずに「元気か」と電話をかけてくるこの優しい叔父が、先日恥ずかしそうにこの感謝状の話をした。ぜひ見せてくれと言ったことへの返事である。戦争中は戦闘機乗りで、グラマンを何機か落として雑誌「キング」に載ったこともある叔父だが、復員後は海水からの塩作りや糸の立たない納豆作り、シュークリーム作りといずれもぱっとしなかったが、とうとうチェーンソー販売でなんとか芽を出し、その余技に発電機まで発明していたわけだ。そのわりには相変わらず貧乏で、しかし同居を勧める娘の言うことを聞かずに一人暮し。娘（つまり私の従妹）の話だと、まるで病気みたいに元気なこの叔父の昔発明した発電機が、この大震災で大活躍をしているというのである。発電機と言っても、要するに田んぼに転がってるような古いトラクターのエンジンを利用するやつで、まさに震災後にはぴったりの仕掛けらしい。

ところが叔父は、金一封をほんとうは義捐金にしなければ、などとおっしゃる。因みにその額を聞いて、甥は言下に忠告する。「いいよいいよ、そのくらいの（？）お金、叔父さんのほまち（小遣い）にしなよ」

いやだれか関係者がこのブログを見てたらまずいので、大急ぎでこう付け足します。何十年も前に名もなき町の発明家からもらったアイデアを、今も忘れずにこうして感謝する心根こそ表彰状ものだ、と。

原発にくらべてこの非常用発電機のなんといじらしいこと！ それでこの機会にネットでちょっと勉強してみようという気になったのである。原発についてもほとんど知らず、ましてや自然エネルギー利用の発電についてはまるっきりの無知である。わが家は数年前から屋根にソーラーシステムを搭載しているが、他のエネルギーたとえば風力発電はどうなっているのだろう。常磐線は風の強い日にはしょっちゅう運転を止めるほど風の強い路線だが、原発亡きあと、まさに風力発電最適地ではなかろうか。

近年スペインは風力発電が盛んで、むかしドン・キホーテが立ち向かったラ・マンチャの風車などは現在は風力発電の巨大な羽根に変わってるんだろうな、などと見ていくうち、ぶつかったんです、すばらしいブログに。沖縄の高校生が作っているそのブログには、最近のスペインの風力発電事情がきちんと報告されているだけでなく、今回の原発事故に対する鋭い批判の言葉が、そしてそこに書き込んでいる若者たちの国を憂える真剣な言葉があったのである。実は私自身、このところずっと思い煩っていたのは、この国の若者たちは今回の原発事故をどう考えているのか、であった。正直、ほとんど絶望していた、私のような年寄りが頑張らなきゃならないのか、と。

さっそく書き込みをして帰ってきたが、先ほど覗いてみたら、その高校生がこんな返事を書いていた。「佐々木さん。年齢的には十七歳ですが、体調不良で一年留年して今は二年生です。付け焼刃の知識で社会問題について考えた事を書いています。被災地では今、非常に大変な思いをされていると思います。僕個人が出来る事は少ないかもしれませんが、こちらこそ、協力できる事があれば幸いです。コメントいただけて光栄に思います。今後ともよろしくお願いします。」

十七歳か、ちょうど七十一歳のはんたい（?・）。嬉しいなー、こういう若者がいるんだ、日本も捨てたもんじゃない。そのブログは以下のものです。興味のある方はアクセスしてみてください。logs.yahoo.co.jp/cabiuniraine.jp.23715237html

愚策、ここに極まれり

四月二十二日

沖縄の高校生のブログに触発されたからであろうか、この日本を何とかまともな国にするにはどうしたらいいか、などと、柄にも無く建設的・政治的（？）なことをすこし考え始めた。なんと言っても手っ取り早いのは、日本の政治を変えることか。で、この次の総選挙（いつごろになるんでしたっけ？）では、郵政民営化を争点にした総選挙の時のように、エネルギー政策を一点集中型の争点にすべきではないか、などと考えた。でも既成の政党はいずれも頼りない、ならば一九八〇年の旧西ドイツで華々しく旗揚げをした「緑の党」よろしく、脱原発・反原発だけでなく自然エネルギーの本格的利用を主張する新党を結成したらどうだろう？　して、その党名は？「風と太陽の党」どうです、かっこいいっしょ？　言うまでも無く風力と太陽光の活用を積極的に推進する党である。

そんな明るい未来を描こうとした矢先、またもやとんでもない愚策が発表された。例の計画的避難区域と緊急時避難準備区域の新たな設定、そして従来の避難地域を警戒地域と改名し、そこへの立ち入りを禁止するという愚策である。わが南相馬市はこれら三つの区域がいずれも含まれるという光栄に浴している。

順序を逆にして、先ず違反者には罰金十万円以下が科せられるという警戒地域についてであるが、二〇キロ圏内でも放射線値が福島市などよりもずっと低い地域がある。私の友人の一人は震災後幸い津波被害を免れた工場を再開しようとして今日まで頑張ってきたのに、わずか百メートルだけ圏内に入っているため明日からその作業も中断せざるを得ない、何度も願い出たにも関わらず却下されたと悔しがっている（「東京新聞」本日付に詳細掲載）。たしか政府は「キメの細かい」対応をすると約束していたように記憶しているが、結果的にはみごとに杓子定規の裁定が下ったわけだ。はっきり言えば「キメの細かい」とは、事情を勘案して時には例外を認めることなのだが、その面倒を嫌がって情け容赦なく例外は切り捨てられていく。

何度も言うが、この見事なまでのお役所主義・官僚主義・形式主義（欧文ではすべてビューロクラティック）は平常時にあってはそれなりに意味があるが、こういう非常時には致命的な害を及ぼす。以前も例に出したことがあって恥ずかしいが、初めての人もいるのであえて繰り返す。それは大林宣彦監督作品『青春デンデケデケデケ』で一瞬さわやかな涼風が吹き抜けていくような場面のことである。新しくエレキギターのクラブを作った生徒たちが部室を欲しがっているのを知った岸部一徳先生、彼らに特別に部室を確保してやる場面だ。「先生、それえこ贔屓とちがいますか?」と心配する生徒たちに一徳先生はこう言い放つ。「あゝ、やる気のある生徒にはどんどんえこ贔屓するよ！」

友人は操業を停止して後々もらう補助金などより、いま動き出す機械やエンジンを動かしたい、待っている顧客に一日もはやく製品を届けたいのだ。こういう事情を知って文句を言う地元民など一人もいないよ。お役人というのは、先日のつくば市の市民課（?）の役人のように、批判されることを病的に怖れるやからである。一徳先生はＰＴＡに批判されることなど屁とも思わない本当の先生なのだ。

しかし報じられるところによれば、このような警戒区域の設置を佐藤福島県知事が政府側に強く要請したという。もしそれが本当なら、知事の真意はどこにあったのか大いに疑問である。たとえばその地域の留守宅に盗みが入るから、というのであれば、これまでのように警察官が常時パトロールすればいい話で、警察官が住人の立ち入りを物理的にも阻止し、あまつさえ違反者に罰金を科すとはまるで独裁政権下の、国民の良識と分別を信じない強権的な政治以外の何物でもない。実はこれまで二〇キロ圏と三〇キロ圏の境目がどうなっていたのかは知らないが、警官か消防団員が交代で一人か二人立って、「この先関係者以外の方の立ち入りをご遠慮願ってます」くらいの穏やかな対応で良かったのではなかろうか。

いや本当は、私自身がいま置かれている緊急時避難準備区域なるものの設置理由をもっとも怒っているのだが、どうしよう、このまま続けて怒りをぶちまけようか。それともここは少し時間を置いて、明日にでも冷静に話すことにしようか。そうね、別に急ぐ必要は無い。時間はたっぷりある。明日にしよう。

そうそう、ついでだからちょっと別のことを書いておく。今日、一人の友人がこう私に質問した。「君が以前、大震災直後の対市民へのメッセージ発信の仕方に関して批判した南相馬市長がユーチューブで窮状を世界に向けて発信したことが意外に評価されているというニュースが流れているが、どう思う?」

それがどういう経路でユーチューブとやらの電波に乗ったのかは分からない。たぶん潜入レポーターといった形の相手に訴えたのだろうが、結果としてはちょっと筋違いかな。つまり今回のことはまずは日本の問題、しかも彼は曲がりなりにも行政の一端を担っている人間、世界に向けて訴えることで、その外圧を利用して自国の政府を動かそうと思っていたなら話は別だが、どうもそうではなさそう。私自身は国粋主義者でも、いわゆる愛国主義者（愛国者ではあるが）でもないが、そこらまでの自重というか節度は守っている。まっ、感想としてはそんなところかな。

ともかく明日、今回の愚策を根本から批判してみたい。

緊急発進！

四月二十三日

タイトル、緊急発信の間違いではありません。実は昨夜あれからよくよく考えたのですが、もちろんぐっすり眠りましたぞい、今夜まで発信を待ってはいられない、という気になってきたのでありますす。いやいや、今度の政府決定は、とんでもない愚策どころか、悪法の極みに見えてきたのです。ですからポンコツ瞬間湯沸し号を緊急発進させねば、と思ったのであります。先ず次のような首相官邸災害対策ページ、特に二の「緊急時避難準備区域の設定」の（四）の文章を読んでください。

「（四）「緊急時避難準備区域」においては、引き続き自主的避難をすることが求められます。特に、子供、妊婦、要介護者、入院患者の方などは、この区域に入らないようにすることが引き続き求められます。ご苦労をおかけいたしますが、ご協力のほどお願いいたします。なお、この区域内では、保育所、幼稚園や小中学校及び高校は休園、休校されることになります。」

さらっと読んだ限りでは、この文章が意味する実に冷酷な、非人間的な肌触りが分からないかも知れない。つまりここで言っているのは、(子供や妊婦はともかくとして) 要介護者や入院患者は入ってはいけませんよ、ということ。まだ分かりません? たとえば私の妻などはここにいてはいけませんよ、と言っているのだ。考えすぎ? いやいや考えすぎなんかじゃありません。この文章はそう言ってるんです。つまり最初は、「あ、そうですか。いざというときには御主人が一緒に避難するんですね?」が、必ずいつかは、いやすぐにも、「どうして認知症の方がここにいるんですか? だってここに (指令書を指さしながら) 入らないでって書いてるんですよ」

そこまでは言ってない? あんた馬鹿とちゃうか? 悪法は一人歩きするんでっせ。警戒地域のことだって、一昨日までとは違って、これからはあそこの境界を越えると犯罪者になるんですよ。法は末端では必ず融通のきかない鉄の規律に変質するんです。現場の法の執行者は、たとえば三丁目の志賀さんの旦那さんだとしても、鋭い鉄の刃をかざす国家という化け物に変わるんですよ。

たとえばですね、国法なんてものじゃなくて、もっと柔らかいはずの校規だとしても、ある場合にはそれこそ鉄の刃に変わります。むかし校内暴力が吹き荒れていたころ (ところで今はあの狂乱状態は鎮まったん?)、いましたね、遅刻してきた女子生徒を、眼も上げないでまじめにひたすら鉄扉を押して、結果押し殺したおじさんが……。

健康被害をおもんばかってくれる親切な取り決めですって！　ウソ言うんじゃない、本音は、一人でも放射線による死者が出るとコケンに関わるからじゃないんですかい？　病人や障害者のことなんてこれっぽっちも考えてなんぞいないぜ‼　まだ一人も死者が出ていない？　ウソつけ！、すべきでなかった病人搬送や、不自由な避難所生活で、いったいどれだけの死者が出たことか！　健康被害？言ってくれるねー、何百人、いやひょっとすると何千人もの、放射能によってではなく馬鹿な政治家ども、愚かなクビチョウ（それって恐竜の名前？）どものおかげで、どれだけの健康被害が出たことか。いつか必ず顕彰（おっと間違えた、検証です）してくださいね、今度の大震災の人災による被害者の実数を。

このままだとせっかく町に戻ってきたお医者さんたち、ようやく部分的な診療を再開した病院の首を締めたり、やる気を阻害したりしないか心配になって、ええいっ実名を出さしてもらいまっせ、私のかかりつけの優れたお医者さん石原開さんに電話しました。だいじょうぶ頑張ってもらえますか、って。すると彼は言下に、大丈夫です、ぶれることなんかありません。市の医師会の面々もみんな同じ考えです、って。嬉しいですねー、頼もしいですねー。馬鹿な政治家が何と言おうと、国民や市民（の一部は）は馬鹿じゃありませんぜ。

ところで話は突然変わりますが、実は午前中、隣りの鹿島郵便局に局留めの小包を受け取りに行きました。ついでにゆうメールを一個出そうとしたのですが、慣れない仕事だったんでしょう、若い局員は料金計算にえらく時間をとり、おまけに間違える始末。思わず怒鳴りました（これこのごろ時々ありますす）、そして昨日の首相の言葉を文字通り解釈するなら、退避区域から準備区域になった所への郵便や物資の搬入・配達は早急に改善されるはず、それなのに勝手な解釈で依然として郵便業務を怠っているのはなんたるザマ！　するとそこにいた若い局員たち、私の言葉にうなずき、本当にお客さまの言う通りです、上の方とも話し合って、善処するようにします！　聞いた？　この人間的で真っ当な言葉！

　先ほど私に怒鳴られた若い局員は、重い方の荷物を急いで車まで運んでくれましたよ。こういう若い人がいるかぎり、おじいちゃん絶望しません！

大凪のような一日

四月二十四日

　朝から天気が良い。考えてみれば今日は日曜。退職後、とりわけ相馬に戻ってからはいつも休日、つまり基本的に連休で、曜日の感覚がなくなっていたが、震災後はそれがさらに嵩じて、まったく曜日感覚が麻痺している。窓の外の網戸の網の一部が剝がれて風にはためいている。なぜか唐突に、行ってみたこともない塩屋岬のイメージが浮かんだ。たぶん昨夜テレビに流れていた美空ひばりの歌が頭に残っていたせいだろう。

髪のみだれに 手をやれば　赤い蹴出しが 風に舞う
憎や 恋しや 塩屋の岬　投げて届かぬ 想いの糸が
胸にからんで 涙をしぼる（星野哲郎作詞、船村徹作曲「みだれ髪」）

ネットで調べてみると、今回の津波であのいわきの岬にも被害があったらしい。

世間には、と、とりあえず言うしかないが、以前のような時間の流れが戻ってきているのであろうか。つまり一昨日、昨日とやり場のない怒りが沸点に達して、その状態のままの文章を立て続けに書いたが、ちょうど大凪（デッド・カーム）に入ったようにそよとも風が吹かなくなった、つまり一切の反応が返ってこなくなってしまったのだ。そうだ日曜なんだ、とそこで気づいたのである。私もあせらず休日モードに換えた方がよさそうだ。

ちょうど折り良く、震災後はじめての客人が、それも二組もわが家を訪れた。最初は昨日の午後、大学時代の、というより一生の師である今は亡き恩師の息子さんが、勤め先の大学の被災地支援プロジェクトの下調べに来てくれたのだ。町とのパイプがほとんどない私の代わりに、今や町の長老（?）西内君にすべてをまかせた。宿泊はわが家で、あとは昨日から今日の昼過ぎまで、西内君のお世話できわめて実務的な下調べと人的交流ができたそうで、今日の午後喜んで帰っていった。

二組目は、ちょうど入れ替わりに昔の教え子がご主人とお嬢さんと一緒に、他の何人かの同級生たちの支援物資をとりまとめて車で持ってきてくれたのである。もう何十年も昔、大学の聖堂で行なわれたご夫妻の結婚式のことを懐かしく思い出した。それがいま、立派な社会人になった娘さんがいるのだ。曜日感覚どころか時間感覚そのものが大混乱を来たした日曜の午後となった。

こういう言い方をすれば語弊があるかも知れないが（「語弊」という言葉がまさにぴったりの場面だ）今度の大震災のおかげで、これまでまったく音信が途絶えていた人たちと思いがけなく旧交を温める（あまりぴったりしない表現かも）ことができたし、これから先出会うはずもなかった人たちと知り合うこともできた。実際、人生どこに何が転がっているか、まったく分からないものだ。

ともかく久し振りの休みのような一日だった。さて明日からまた元のように頑張れるか。折りしもテレビでは、各政党の若手議員（あ、震災後、私から見ればみんな猪口才な若手に見えてきた）が、「さて今回の大震災を踏まえて原発の今後はどうあるべきか、再検討の段階に入ったように思います」。おいおい、再検討？　お前自身はどう思ってるん？　民意の動向を確かめた上でだと？　なにをこの期に及んでたわけたことを言ってるんだい。お前自身がどう考えてるかを言わんかい！　態度を鮮明にするのは時期尚早だと？　えっ、もともと自分の考えなど持っていないの？

葉桜の下の妄想

四月二十六日

昼食後、鹿島局に来ているはずのゆうパックを取りに、ついでに二、三の郵便物を投函するために出かけることにした。実にさわやかないい天気である。途中、西内君の家に寄る。いつも世話になりっぱなしだから、たまには彼の使いもさせてもらおうとしたのであるが、せっかくだけど今日はない、と言う。しかしついでにいい話を聞いた。それは二〇キロ圏内に残っていた寝たきり老人や足の不自由なご老人たちに、組織的に食事を届けたり使い走りをする段取りができたそうなのだ。そうだよね、二〇キロと三〇キロラインの境目の道路には警官が立ち番しているにしろ、道路以外のところではどこにも正確な境界線が引かれてるわけではないから、かなり流動的に適用することが可能なわけだ。だとしたら、先日話題にした私の友人など、下手にお伺いなど立てずに、知らん振りして操業を続けてたら良かったのかな?

いずれにせよ、屋内退避などと言われても、いつのまにかだれも守らなくなっていたし、今回の避難準備などと言っても、だれも避難のための準備などしているわけがない。だれもが、もうお上の言いなりになることなど金輪際ごめんだと思っている。

もう一つ良い知らせを聞いた。それは今日からクロネコと飛脚便が配達を始めたそうだ。だから鹿島局に行ったとき、応対した局員に皮肉たっぷりに「お宅はいつ配達してくれるの？　だいいち配達もしないのに料金を通常通り取るというの、とても図々しくない？」すると彼、「もっともなご指摘です。実は私どもも今日の夕方から配達を始めることにしてまして」「あっそうなの？　いやーいいこと聞いた。頑張ってね！」

帰り道、なるほど、いままでどこに隠れていたのか、郵便局の車が一台、恥ずかしそうに全身真っ赤にして（あゝもともとそうか）行き違った。こんど同じようなことが起こったら（いやー真っ平ごめん！）もうこんな醜態さらすなよ！

ついでに寄った夜の森公園のいつもの石のベンチで、気持ちよいそよ風を受けながら日向ぼっこをしているとき、なぜかとつぜん強い喜びが電流のように体中を走った。細胞が一つ一つ蘇っていくような感じである。そして強く確信した。さあもう絶対に「緊急時」は来ないぞ、来させるもんか！　準備は準備でも復興準備区域だぞ！

妻は一昨日から続けて二組、東京からの客人を迎えたことがいい刺激になったのだろうか、以前のように笑顔が多くなってきた。ベンチに並んで坐ってるのも嬉しいらしい。私の方は、いまは葉桜と化した周囲の桜の木を眺めながら、そして少しばかり眠気に誘われながら、次のような妄想に入っていく。

今回の事故が終息した暁、だれもその責任を問われないで済むのだろうか。そして文化大革命のあとの四人組裁判の映像をなんとなく思い出す。四人組？　だれだ？　福島原発の設計者、推進者、それに対応を間違えた菅首相、枝野（えーと何大臣だっけ？）それで四人組はどうなったんだっけ？死刑？　今の法体系では、そこまでもって行くのは無理だろうな。　じゃ過失致死罪？　いやー結局だれもお咎めなしで曖昧な形で幕が引かれるんじゃない？　それっておかしくない？　ドン・キホーテは、即座の判決なら分かるけれど、だらだらと長引く裁判制度を批判した。目には目を、歯には歯を、のハムラビ法典まではいかないとしても、福島原発の責任者たちには、たとえば汚染された土地改良のための労働奉仕くらいはしてもらいたいね。

そのときも眠かったし、そのときのことを書いている今も眠気が強くなってきたので、この辺でやめます。でもよくよく考えると例の工程表の六分の一のところまでしか来てないんだよね。あーあっ、やってらんねーね。

放心から覚醒へ

四月二十七日

正直言うと、一昨日の大凪あたりから、少し放心状態が続いていた。それはちょうど一昨年の夏、妻の脊髄手術とその後の治療に付き添って四〇日間の病室生活のあと、とつぜん退院の許可が下り、まばゆい陽光の中を、ほぼ放心状態のまま妻を連れて自宅に帰ってきたときの心理状態に似ている。もちろんあのときにはいわばすべての問題が解決されたあとの安堵感があったが、今回は解決が先送り、しかも長期にわたる待機生活を余儀なくされるという根本的な違いがある。つまり今回のは中だるみ状態ということだが、精神の弛緩状態であるという点では同じである。

しかし夜になって、見るとはなしに見ていた「報道ステーション」というテレビ番組で、司会の古舘伊知郎の相手をしていた或る大新聞の編集委員とかいう髯の男の言っていることを聞いて、私の頭の中の計測装置の針が激しくぶれた。話というのは、その新聞が一週間ほど前に行なった例の世論調査のことである。つまり彼は、あの大事故のあとでも、従来のものとさして大きな変化が見られなかったことを、国民がそれだけ成熟していることの印だと言ったのである。

なるほどねー、ものは言いようだねー。でも私からすれば、そんなのは成熟なんてものではなく、簡単に言えば平和ボケ、安全ボケ、現在の生活水準を落としたくないというきわめて打算的な意識の表れとしか見えないのである。

むかしジョン・フォード監督の『わが谷は緑なりき』という映画があった。モーリン・オハラ、ウォルター・ピジョン主演の、炭鉱夫の一家を描いた名画である。度重なる落盤事故にも関わらず働かざるを得ない貧しくも誇り高い一家の物語であるが、原発事故で犠牲になるのは現場で働く人たち（危険な作業は協力社員つまり下請け社員）だけではない、その周囲二〇キロ、三〇キロ、いやいやそれですまなく、地域によっては五〇キロ近くのところまで被害が及ぶ。しかもその最終的な解決に何十年もかかる惨事となるのだ。

今回、幸いにも女川原発は無事だったが、ここにきて発表された映像を見る限り、あと数十センチで津波が浸入するところだったらしい。なぜ今ごろになって女川の被害状況が公にされたのかちょっと理解できないが、もしかすると東北の他の原発もかなりの被害を受けていたのではなかろうか。

先ほどの編集委員の話に戻ろう。彼の意見をよく忖度すると、要するに彼は原発推進派でないとしても、少なくとも容認派、現状維持派ということなのだろう。大新聞（もちろんこの場合の「大」は品質形容詞ではなく量的形容詞だが）だから編集委員と言っても他の何人かの編集委員がいて、全員が彼と同意見というわけではないだろうが、なんだか急にその新聞を読む気がしなくなった。でも机脇のケースにはその新聞の販売店との購読契約書が貼られてあって、昨年八月から十二ヶ月購読となっている。つまりあと三ヶ月は止められない。でも今度の大震災で、もしかするとすべての契約は白紙になるのかも知れない、そうだったらいいのだが。

新聞記者といえども人間、つまりその人がどんな意見を持とうが自由である。しかし戦争とか原発とか、その国の、というより人間存在の根幹に関わる大問題に関して現状容認というのが、果たして可能なのだろうか。もちろん賛成と反対のあいだに、どちらとも決められないという態度保留のケースはありうる。しかしその場合であっても軸足はどちらかに置いているはずである。つまり完全な中立はありえない。

いやもっと簡単に言えば、人生の重要課題はすべて終末からしか見えてこないはずなのだ。つまりお前が今この世を去るとして、子供たちにどんな世界を残したいのか、生活の利便や世間体、その他いっさいの二義的な判断基準を取っ払って、とどのつまりお前は何を望んでいるのか、ということである。先日のべた終末思想、あるいは根源主義がもっともはっきり見えてくる場面である。

そっ、放射性廃棄物を地球の内部にぶち込んだままこの世を去りたくはないんだわさ。とうぶんは（ひょっとして死ぬまで？）寝ぼけてなんぞいられない！

あゝ、ごせやけっことーっ！

四月二十七日　追記

午前中、十和田にいる顕美から電話があった。ばたばたと慌しく旅立っていったので、愛の可愛がっていたメルちゃんを風呂場に置いたままだから、居間にでも持ってきて乾かしてやって欲しい、と言う。水に濡れると緑色に、乾くと金髪になる人形のことである。さっそく風呂場に行ってみた。なるほど洗面器の中に緑色の髪をしたメルちゃんがいた。べつだん送ってとは言われなかったのだが、おじいちゃんとしては送らないわけにはいかない。

午後の散歩は、だから先ず郵便局から、メルちゃんのほか愛のおもちゃ少々、支援物資の中の駄菓子少々、そしてもうすぐ誕生日を迎える顕美へのお祝いなどを入れた段ボールをゆうパックで送ることにした。昨日から受け入れや配達が再開したはずだが、なにせ一月半ぶりのこと、疑心暗鬼のまま局に入っていくと、ちょうど百貨店（とは古い日本語！）の開店時とまではいかないが、四、五人の局員が腰を低くして丁重に迎えてくれた。そうそう、その気持ち忘れないでくれよな。配達料込みのはずなのに、お客さんのガソリンをがっちり使わせて遠路はるばる荷物やら郵便物を運ばせたんだぞい。

そのあと、いつものコースを通って、夜の森公園のいつものベンチで日向ぼっこ。通りかかった、私たちより少し年上のご夫婦に挨拶。すると期せずして今度の騒ぎの苦労話になった。二〇キロ圏内の小高の人たちだった。家の損壊はわずかだったが、当然避難しなければならなかった。しかし幸い原町区の親戚の持ち家に住むことができたそうだ。一度家に戻って取ってきたいものがあるが、一昨日からは警官が厳しく立ち入りを禁じていて、自分の家なのに悔しい思いだという。六号線を見張っているのは京都府からきた警官らしく、声をかけてもにこりともせずに監視しているそうだ。

ねっ言っただろ、いざというときには、警官にしろ兵隊さんにしろ、国民を守るというより国民を監視するものへと一瞬のうちに変化するって。確かに顔見知りの県警の警察官より、京都あたりから乗り込んできた警察官の方が威嚇的効果はありまさーね。

「なーんだか、この歳になってこんな目に会って、このさき生きるのやんだくなったー」

私より二歳年上のおばあちゃんが言い、その側で優しそうなおじいさんがうなずいている。

「そったらこと言わないで、がんばっぺ。だっておねーさんもあの辛い終戦を生き抜いてきたんだべ。楽天的って笑われっかもしんねーけど、生きてればぜったいいーことあっから。この間も、ほらこの下の駐車場で、段ボール重ねて焼き鳥売ってる若者いたから、大変だなーって声かけたら、俺たちよりもっとひどいことになってる人がいるんだからぜいたく言えねー、って言うんだ。そして売り上げ金全部、市役所に持ってくって言うだー。こんな若者いる限り、復興も間違いねーど」

「んだかー、政治家も役人もろくなのいねーけど、そんな若者いるんなら希望持つかねー、じいちゃん」

こう言い残して二人して仲良く葉桜の下を遠のいていった。菅にしろ枝野にしろ、はたまた自民党の銀行員だかなんだか分からないとっちゃん坊ーやにしろ、もう顔見たかない、というのが正直なところ。かといって彼らに代わる政治家の顔も思い浮かばないのがしゃくだが。

飯舘村の人たちが怒ってる。当然の反応だ。飯舘村はああしてテレビでも取り上げられているけれど、わが南相馬市にも計画的なんとかの区域に指定されているところがある。当然人が住んでいる。その人たちのことも忘れないでくれよなー。昔々、福島市にいた美子に会いに行ったり会いに来られたり、何度も越えたあの八木沢峠は、はてどちらの区域、計画的避難区域？　それとも避難準備区域？

あゝごせやけっことーっ（あゝ腹が立つーっ）！

飯舘村の同級生

四月二十八日

昨夜、八木沢峠のことを思い出したついでと言ったらなんだが、その峠を越えて福島に向かう最初の集落である飯舘に中学時代の同級生がいたことを思い出した。中学の同級生といっても、たいていは町場の商家やサラリーマンの子が多かったが、彼女は珍しく飯舘の農家に嫁いでいったのである

（もちろん大昔のこと）。二〇〇二年に相馬に戻ってから二回ほど同級会があったが、そのどちらにも彼女は元気な姿を見せていた。私自身は一度は八王子に終の棲家を定めたのであるが、いろんなことがあって思いがけなくばっぱさんが一人暮らす相馬に戻ってきた。いまでもそれが大正解だったと思っている。その最大の理由は、人生の最終コースで、中学時代や高校時代の友人たちの側に住み、会おうと思えばいつでも会える幸福というか贅沢が味わえるからである。

つまり私もあやうく、地方出の人間のお決まりのコース、すなわち大都会の片隅にやっとのことで自分の居場所を確保し、親が生きている間は年に一、二回、親が死んだ後は、たまの墓参りに帰ってくるだけというコースからはずれたのである。

いろいろなことがあって、とぼかしたが、隠すまでもない。それまで続けて来た大学教師の仕事が、簡単に言えばアホらしくなったのである。私の勤めていた大学だけじゃないが、要するに大学志願者数の漸減というより激減にともなって巻き起こった大学経営陣の、そして最後は教師そのものの中の「貧すれば鈍す」式のモラルの低下、建学の理念なんぞどこ吹く風の、なりふりかまわぬ周章狼狽ぶりにまったく嫌気がさしたのである。

おっと、飯舘から離れました。いま彼女はどうしてるんだろう、と気になり、電話してみたのである。どうしてたー、避難してたのー、というのが彼女の最初の言葉である。最初から動かなかった、という答えに、そうだよね、原町は放射線値低いんだもの。彼女は最初は、運がいいわねー、と言われたそうである。なぜなら彼女の実家は津波で流されてしまったからだ。どなたか亡くなったの、と聞こうとして辛うじて踏みとどまった。ともかく彼女は、最初のうちは運が良かったと思ったそうであるが、次第にそれも怪しくなって、あれよあれよという間に計画的避難区域に指定されてしまったのだ。

お宅は酪農もやってたの、と聞くと、それはやってなかったけれど、畑は植え付けもできずに放置していくしかないそうだ。高校生の男の子もいる（彼女の孫だろう）ので、結局明日、喜多方（もしかして須賀川と言ったか？）に借りた家に越していく予定だそうだ。牛を飼ってなかったのは（飯舘牛はブランドになっている）不幸中の幸いだが、しかし長年耕してきた畑とて、別れていく辛さは同じだろう。サラリーマンと決定的に違う、大地に密着した生き方である。

いつか必ずまた土地が使えるようになるよう、微力ながら応援していくから、それこそ叡智を尽くしての土地回復作業が行なわれるよう、運動を盛り立てていくから、という頼りない励ましの言葉には答えず、またそのうち同級会で会いたいね、と言う。耕作可能な土地になるまで、いったいどれだけの年月を要するのか、まだだれも具体的な方策も、その期間についても明快には語っていない。

首相以下政府の要人たち、そして東電（あっ思い出した、このブログでお友だちになった澤井哲郎さんによれば東電は盗電と書くそうだ。もらったそのアイデア！）の連中には、あのベコたちの悲しい眼が、絞った乳を捨てなければならない無念さが、長年命を吹き込むようにして耕してきた畑を、放射能という不気味な毒素に侵食されて手放さなければならない辛さが、おのれの存在そのものがもぎ取られるほどの痛みが、「わかるかなぁ〜わかんねぇだろうなぁ〜」（南相馬市の警戒区域出身の松鶴家千《しょかくやち》とせの一世を風靡したギャグだが、彼はいまどうしているんだろう?)
明日村を離れていく彼女の一家の悲しみが、じわじわと私にも伝わってくる。負けないで下さい、くじけないで下さい、また絶対に飯舘に帰ってきてください、そしてまた同級会で元気にお会いする日が来ますように!

まるで木偶

四月三十日

このところずーっと原発関係、とりわけ枝野官房長官や保安院、そして東電の記者会見を見ないようにしてきた。風の噂では、三者一体となった統一記者会見になったとかならないとか、それさえ確かめることもなく今日に至っている。理由はごく簡単、精神衛生上悪いからである。だいいち、何号機の冷却水が減ったとか減らないとか、何号機の何とかが破損しているか破損していないか、などに一喜一憂していたらこちらの身が持たない。お前たちにすべて任せるから、命がけで一刻も早く終息をはからっしゃい、と言うしか他に方法がないからだ。

だから今日、お昼近く、通りすがりに(廊下から自分の机にたどり着くには妻が見たり見なかったりしているテレビの前を通るしかない)見たテレビの画面に思わず立ちどまってしまったのは良かったのか悪かったのか。いや結論から言えば、実に良かったのである。以前、そのときもたまたま見たテレビ画面で、あの双葉町のおばあさんを目撃したが、今日も国家権力に対して毅然として立ち向かう楢葉町の一人のおばさんを見ることになったからである。途中からなので事情はよく分からないが、九十八歳の寝たきり老人の娘さんらしい。つまりその親の面倒をみるため二〇キロ圏外に出て買い物をして届けるところだったか、あるいは一緒に暮しているのか、その点もはっきりしなかったが、ともかく検問所で警官と渡り合っている場面が映し出されていたのである。彼女は激昂するでもなく哀願するでもなく、助手席からきっと相手を見据えながら、「あなたはそれでも人間ですか、血が流れているんですか、もうすぐ死ぬかも分からぬ老人を見棄てろ、と言うんですか」と凛とした態度で話しかけていた。それに対する警官の答えは聞こえなかったが、ともかく規則一点張りの応対しかしていなかったことは明らかだ。

ただ今回は、一人の町議が一肌脱いで、町から通行許可証を獲得してくれた。ところがまたもや検問所では、その許可証に日付が記載されてないとかなんとか難癖をつけ始めた。どこの警官だったろう、もしかしてまたもや京都府警？

私自身は、いつもはいわゆる日本人の美質とか美徳にあまり関心がないというか、おそらくそれは、それに付随しての国家主義的な、あるいは国粋主義的な主張への反感からか、めったなことで称揚することはないが、そのとき唐突に「惻隠の情」という言葉を、そして実際には見たことも読んだこともない歌舞伎十八番「勧進帳」安宅の関の場面を連想した。つまり源義経の一行が、奥州へ逃げる途中、加賀国安宅の関（現在の石川県小松市）で、山伏姿ながら身元が割れそうになったとき、関守の富樫左衛門が惻隠の情に動かされて一行を見逃す場面である。

先日も言ったことだが、こうした場面で、おのれ自身の判断で、時におのれの立場が危うくなることを承知してまで、正しいと思ったことをあえて行なう人間がいるかいないか、これこそそうした人間を育てた民族の成熟度を示す証であろう。その警官自身が通行を許可することは正しいことではない、と納得しての行為だとしたら、話はまた別であるが、この場合はそれ以前、つまり「自分の目で見、自分の頭で考え、そして自分の心で感じ」ることなく、まるで警官人形（木偶というういい言葉がある）のように門を閉ざしていたとしか思えない。

ついでに言わせてもらうと、最近やたらとテレビのコマーシャルで「心からご同情申し上げます」というフレーズが聞こえてくる。本当かい？　もしそうでなかったら、「心」という美しい言葉を気安く使わないでくれないか。

ともあれ、双葉のおばあちゃんの名前は知ることはできなかったが、今回は急いで手元の紙にしっかり記録した。おばさんは伊藤巨子さん（六十二歳）、町議は松本喜一さんという。

■二〇一一年五月

ベル君からの義捐金

五月一日

あの大揺れの翌日、盛岡の佐賀（旧姓赤沢）典子さんは無事だったかな、と心配になった。聡明な晴眼者の娘さんが二人もいるのだから、とは思ったが、全盲の彼女は私たちとはまた違った恐怖を味わったはずだからだ。しかし幸いなことに、数日後やっと通じた電話の先の彼女は元気だった。かえって私たちのことを気にかけていたようだ。

昨年十月初旬、長女の里菜さんの運転で、御主人と三人で（おっと忘れた、盲導犬のベル君も）訪ねてくれた。私たちが八王子にいたときも、結婚して間もなくご夫婦で（おっとまた忘れた、そのときは初代の名犬コーラル君も）会いに来てくれたから、御主人とは二度目の（最初の？）再会であった。彼女と同じく全盲の彼は、しかし明るくて優しい、そのうえなかなかの男前で、初対面のときに、あゝ賢い彼女らしい選択だな、と感心したことを覚えている。お嬢さんもまた昔の可愛い面影を残したまま立派な社会人に成長していて、愛がすっかりなついたものだ。

ところでついでだから、今では時効になった秘密をばらす。彼女が清泉女子大に入学するにあたって、実は一人のスペイン人シスターと示し合わせて、なんとか彼女を入学させたいと図ったことである。つまり合格発表前に彼女に電話して、同時に受験していた東京女子大ではなく清泉女子大に入るよう強引に説得したのである。これは明らかに規則違反であった。しかし現実に彼女の入学が決るまでは教授会でのすったもんだの論争があった。反対派の言い分は、彼女を入学させても盲人用の施設のない本学ではかえって可哀想だし、そのうえ果たして卒業まで持っていけるかどうか疑問だ、というのであった。しかし何のことはない、彼らの本音は、たとえば支援団体などが何かと難題を吹っかけてくるのでは、という実に低次元の懸念であることはだれの目にも明らかだった。

そのときはっきり分かったのは、日本の社会が障害者に対して真綿で首を絞めるような「おためごかし社会」であることだった。それは彼女が卒業後すぐに留学したスペインと比較してさらに明瞭になった。スペインでは、たとえばONCE（スペイン盲人協会）など国としても盲人の自立を強力にバックアップする仕組みができていて、スペイン人の好きな宝くじはその盲人協会が一手に仕切っていることとか、官庁などにも盲人が相当数働いている事などにも表れている。要するに、障害者を隔離するのではなく、社会の中に彼らのための場所が当たり前のように確保されているということである。

彼女のスペイン留学は、『光と風のきずな——私はピレネーを越えた』（一九八三年）というドキュメンタリー映画になったし、『ピレネーを越えて　典子とコーラルのスペイン留学』（東洋経済新報社、一九八四年）という本にもなった。因みに典子さんが吹き込んだテープを文字に書き起こしたのは、わが妻美子であった。

いつもの悪い癖で、以上が異常に長い「前振り」で、本題はここからである。実は昨日、その典子さんから義捐金が送られてきた。つまり先日、私がここで言及した、お年寄りたちのための配食サービスの組織ができたことを知って（彼女はどういう仕掛けのパソコンかは知らないがこのブログも読んでいるし、私からのメールにも間違いのない立派な文章で応えてくれる）、盲導犬にと頂いた寄付を、そのために使ってくれないか、と託されたわけである。つまりベル君からの義捐金とはその意味である。ありがたいことで、さっそく明日にでも西内君に渡そうと思っている。

異常に短い本題へ蛇足を加えるのも変だが、今回の震災で、長らく音信の途絶えていた例のシスター、現在はスペインに戻られているガライサバルさん、つまり赤沢さんの入学を共に画策したシスターとの音信が復活した。これは私にとっても典子さんにとっても、思いもかけない震災の余禄であった。

第三の男の論理

五月二日

人間をどう捉えるか、という難しい問題を考える際にいつも思い出すのは、或る映画の極めて示唆的な一場面である。グレアム・グリーン原作、キャロル・リード監督の映画『第三の男』（一九四九年、イギリス映画）の有名な場面、すなわち死んだと思った旧友（第三の男、オーソン・ウェルズ扮する）が悪質なペニシリンの横流しでボロ儲けをしていることを知ったアメリカの三文作家（ジョセフ・コットン扮する）が、ウィーン郊外の遊園地の、観覧車の中でその旧友を問い詰める場面である。粗悪なペニシリンによって大勢の子供たちまでが犠牲になって死んでゆく事実を突きつけられて、第三の男が答える。

「犠牲者？　感傷的になるなよ。あそこを見てごらんよ」と、彼は窓越しに、観覧車のはるか下で黒蠅のように蠢《うごめ》いている人間たちを指さして、言葉を続けた。「あの点の一つが動かなくなったら――永久にだな――君は本当にかわいそうだと思うかい？　もしも僕がだね、あの点を一つとめるたび二万ポンドやると言ったら、ね、君、ほんとうに――なんの躊躇もなく、そんな金はいらんと言うかね？　それとも、何点は残しておいてもいいと計算するかね？……」（小津次郎訳を一部変えた）

いまその場面を思い出したのは、今回の原発事故以後の政府やら東電やらの対応を見ていると、実は彼らに被災者たちの顔が見えていないんじゃないかと思えることが度重なったからである。もちろん会ってもいない多数の人間のいちいちの顔は見えるはずもないが、しかし人間には想像力というものが備わっているはずだ。簡単に言えば、彼らにその大事な想像力が著しく欠如しているのでは、と危惧するのである。

政治家は小説家でも芸術家でもないと言うのか。いやいや政治家に限らず、人間が人間として人間らしく生きてゆくためには、想像力は必須のものである。と言うことは、多数の人間の生活だけでなく、ときにはその生き死ににも責任を持たざるを得ない政治家に、想像力は取り分けて必要だということになる。もしかして昔の修身の教科書に出ていたかも知れないが、柄にもなく仁徳天皇作と言われるこんな歌を思い出す。

高き屋にのぼりて見れば煙《けぶり》立つ民のかまどはにぎはひにけり（新古707）

支持率を気にする政治家は多いけれど、民の煙をほんとうに気にする政治家はあまりにも少ない。もちろんこの場合の煙は、民の暮らし向きだけでなく、まさに荼毘に付されて立ち上る民の煙すなわち命そのものをも指す。

第三の男の理屈は根本から狂ってはいるが、論理的にはまことに正確である。つまり視点をどこに置くか、によって人間理解がそれこそ大きく変動するのである。たとえば、これまた映画の話で恐縮だが、昔の西部劇に登場するインディアンは射的場の駒以外の何物でもなかった。つまり視点は一方的に白人開拓者に固定されていた。ハリウッド映画の中でインディアンが先祖伝来の土地を略奪される犠牲者の顔に見えてくるには長い年月を必要とした。つまり一時期まで映画製作者にも観客にも、人間理解のための想像力が決定的に欠けていたわけだ。

人間理解にとって、時には相手の側から見る、相手の立場に立ってみるという視点の移動も大切だが、もう一つ重要なのは、人間理解には縮小も拡大もしてはならないということ。つまり人間理解には等身大の理解しかない、ということである。

第三の男の場合のように、等身大の人間が黒蠅に縮小されること、あるいは銃の照準器の中のまさに点になることによって、殺人や戦争や、そして政治的愚策が生まれるのである。拡大の例としては、権力やお金によって視点が曇らされ、相手が異常に大きく見えることであろうか。

ついでに思い出したことがある。それは小林秀雄の言葉で、自分には鋭い批評など怖くもなんともない、ただ一つ怖いのはお袋の眼、なぜなら自分を拡大も縮小もせずありのままに見る眼だからだ、といったような言葉である。さてどこにあった言葉か今は思い出せないが、なぜか気になる言葉だった。

あゝ剣呑！

五月三日
午後のニュースで、ビンラディン殺害の知らせを聞いたアメリカ市民たちが、夜中にもかかわらずホワイトハウス前（だったか？）に千人近くも集まって大喜びしている画面が映し出されていた。「殺害」とはまた言いえて妙という気がしないでもない。つまり逮捕するつもりが、思わぬ抵抗にあって、やむなく射殺したわけではないことが言外に匂っている。つまりは謀殺ということなんだろう。なにやらそのこと自体が犯罪めいて聞こえる。

もともと絵柄的（graphically）にはビンラディンよりブッシュの方が分が悪かった。顔のことは言いたかないが、ビンラディンの方が風格があった。もちろんアメリカ人にはそうは映らなかったはずで、ひたすら悪の権化に見えていただろう。ただ、ニュース画面を見て、先ず感じたのはイヤだな、ということだった。オバマ大統領は「正義は行なわれた」と言ったそうだが、ことはそう単純なものではない。別にビンラディンがなんとなくキリストに似ていて、射殺された現在ではますます殉教者めいて見える、なんて言うつもりはない。そんなものは印象批評以外の何物でもない。単純でない、と言ったわけは、複雑に絡みあった世界情勢のなかで、一方が一〇〇パーセント悪で、もう一方が一〇〇パーセント正義だなんてことはそもそもありえないということだ。

世界には、生まれながらにしてすでに負けが決まっている人たちがいる。たとえば、ガザ地区の難民キャンプの中で生まれたパレスチナ人のことを考えてもみよ。あどけない乳児のときから、飲む乳には憎しみが混じっている。今回、はしなくも屋内退避区域とか緊急時避難準備区域とかに生活する羽目に陥ったが、ときおりふとガザ地区のパレスチナ人のことを思うことがあった。彼らが生きなければならない区域は、京都府警のお巡りさんに見張られた立ち入り禁止区域どころの話ではない。ときに境界線は空をさえぎる高い塀であり、その中で生きるとは、日々何シーベルトだか何ベクレルだか分からないが相当量の憎しみを呼吸し、そしてそれを蓄積していくことにほかならない。

最近の世界のニュースを逐一追っているわけではないが、原発事故以外の、というより正確にはそれをも含めた世界情勢は、特にリビア情勢など、かなりキナ臭い様相を呈しているようだ。かつてアメリカがイラクに対して採った政策を、今度はフランスやイギリスが採っているというわけだ。つまりこれまでかなりの程度まで肩入れしてきた相手を、一転して敵視しはじめたように思える。エジプトのムバラク、イラクのフセイン、いやいやかつてのオサム・ビンラディンに対してもそうではなかったか。歴史は繰り返される。しかしそこから何も学習しないという負の歴史が……連綿と続いていく。

原発事故はもちろん一日でも一瞬でも早い終息を願っているが、そこから抜け出た先の世界も決して住みやすくはなさそうだ。漱石さんだったら、きっと、この世はなべて剣呑なり、なんて言ったかも知れない。

非常時の戦い方

五月四日

午前中、郵便受けを見たら震災後初めての新聞が入っていた。以前のように早朝の配達だったかどうかは知らない。およそ五十日ぶりの新聞である。常磐線は動いていないはずだから、陸路福島市から運ばれたのであろうか。クロネコや飛脚に続いて日本郵便も五日前から配達を始めたので、陸の孤島という不名誉な呼称はもう使われなくなるであろう。新聞の配達はともかく、郵便物や宅配便の復旧が長いあいだ滞っていたことについては、言いたいことが山ほどあるが、今は疲れるのでやめておく。しかし今日も郵便物が十通ばかり紐で括られて入っていた。たぶん郡山あたりでフン詰まりを起こしていたのであろう。やってくれるよ日本郵便さん。

花曇の中、今日も夜の森公園に行った。妻の歩き方は手を引いてやってもずいぶんと遅くなってきたが、しかし一時期のように体を傾げることはなくなった。脳内の運動をつかさどる部分の収縮が一段落したのであろうか（おや、ずいぶん恐ろしいことを言っている）。小さい時からかけっこは得意で、数年前までは一緒に走っても私より早かったなんて、まるで夢のようだ（とは変な表現だけど）。遅くてもいい、歩ければ御の字。どうか最後まで（？）歩けますように。

ゆるやかな坂道を駐車場の方まで降りていくと、ちょうどどこかの店の宣伝カーが出てゆくところだった。あわてて看板の字を読むと、四日つまり明日からヨークベニマルが開店するらしい。残留市民のために早くから店を開いていた個人商店や弱小スーパーに較べると、大手の方が（ヨークベニマルが大手かどうかは知らないが、少なくとも福島県では最大のスーパーであることは間違いない）動きが緩慢だ。

言いたかないけど（あゝやっぱり言うんだ）、日本郵便にしろヨークベニマルにしろ、平常時用の社員教育はしてきたと思うが、非常時用の教育はまったくなされてこなかったことは明らかである。たとえば日本郵便の場合、溜まってゆく郵便物を前に、総務省通達やら会社内規に幾重にもしばられて、郵便物を輸送し届けるというもっとも重要な責務をなおざりにしたことは誠に遺憾である（なんて政治家みたいな言葉だが）。たとえば支店長なりが後からお咎めを受けることも覚悟の上で、スタッフが少なければ年賀郵便のときのようにアルバイトを雇ってでも、せめて通常業務の一部だけでも続けていたとしたらどうだろう。事態が収まったとき、世論に押されて、彼は賞賛されこそすれ、咎められることはまずないはずだ。

海外で活躍しているサッカー選手の応援メッセージが連日のようにテレビから流れてくる、日本の強さは団結力だ、と。そう、平常時や復興時にチーム力は物言うであろう。しかし災害襲来のような非常時には、団結力より、個人の判断力・実行力こそが物を言う。たしか以前も使った喩えで申しわけないが、災害時は本隊から取り残されたプラトーン（小隊）と同じ状況である。つまり小隊長、いや時には班長、いや時にはまさに一兵士、の判断力と実行力だけが頼りとなる。

小隊長で思い出したが、今回避難するか残留するかの状況の中で、かなり多くの家庭では母ちゃんの発言力が父ちゃんのそれを上回ったらしい。俺は留まっぺと言ったけど、母ちゃんがどうしても避難すっぺ、と言うんで、仕方なく避難しただ、というケースが多かったようだ。いざというとき、女性の方が腹が坐っていると思っていたが、今回は逆だったらしい。すると双葉町のおばあちゃんや楢葉町のおばさんは例外的ということになろうか（いやなんだかんだ言っても、総体的に見れば女性の方が強いことに変わりはない）。たしかに平常時にあっては、母ちゃんの方が強いのは家庭円満の要諦かも知れないが、非常時にあってはやはり父ちゃんに頑張ってもらわなければならない。

それはともかく、大型スーパー再開で、たぶん苦心惨憺の末の命名であろう緊急時避難準備区域は、政府側の意に反してますます復興準備区域の様相を強めてきた。そうした流れを微力ながら応援してきた私としては、事故そのものの一日も早い終息をさらに強く願わざるをえなくなってきた。

玩具のハンマーで殴らせる

五月五日

午後、ヨークベニマルに行ってみた。駐車場は満杯に近く、空き場所を見つけるのが難しいほどだ。年末やお盆のときにもこんなことはない。店内に入ってみると、なるほど買い物客でごった返している。とりたてて必要なものはないが、そういえば震災後牛乳を飲んでいなかったことを思い出した。美子のためのカルシウム含有量が多いやつ、それに起きたときと寝るときに美子の顔を小さなタオルで拭いたあとにクリームを塗るときのパフを買うことにした。ついでに美子の好きなアイスクリームも。

大勢の客の中には一人くらい知ってる人がいると思っていたが、だれとも出会わない。小さな町ではあるが、もちろんいつも客の中に知人がいるわけではない。しかし今日はなんとなくいつもの客と雰囲気が違う。要するに久方ぶりの開店ということで、ふだんはこちらに来ない遠方からも大勢押しかけているのだろう。たいていの人がマスクをかけており、なんとなく余裕のない顔つきをしている。避難所疲れだろうか。

たぶん、かく言う私自身も余裕のないというか疲れた顔をしていたのであろう。事実、昨日あたりからなんとなく疲れを感じている。たとえば美子に服を着せるときでも、調子のいいときにはまるで手品師みたいにうまくいくのに、やたら時間がかかる。美子の腕や手がまるで鋼鉄のようにかたまっていて、うまく解きほぐせないのだ。思わず深いため息が漏れる。こういうとき、不思議に美子も言うことを聞いてくれなくなる。

買い物のあと夜の森公園に廻っていつもの半分の散歩をして家に帰ったときである。ふだんより重い手を引いて階段の最後に差し掛かったとき、急に美子が動かなくなった。最後の段の手前でどうしても脚を上げようとしない。脚を次の段にかけるのをためらわせる何かがあるのだろう。しかし下手をすると階段からころげ墜ちるかも知れないので、必死に引っ張る。まるで牛になったように動かない。それでもやっとのことで引き揚げたのだが、今度はそこで尻餅をついてしまう。こうなると抱き起こすのは至難の業となる。

本当はこんなとき、明るく声をかけてやればいいのだろうが、その余裕をまったく失くしてしまっている。情けなく、惨めになる。そこから抜け出すには、優に三〇分はかかる。救いは、美子の方では叱られたことも、罵倒されたことも分からない、というか覚えていないことだ。おそらくプロの介護師なら、声の出し方とかタイミング、微妙な手の力の入れ具合によって、ちょうど猛獣使いや猿回し（ごめんな美子、猛獣や猿に喩えて）のように、阿吽（あ・うん）の呼吸を心得ているのだろう。

そんなこんなで、今日も原発事故関連ニュースからは遠ざかっていたが、夜のニュースで東電の社長が被災した町長などを回って謝罪する場面を見てしまった。あれって相手の言うことは百も承知で、しかも会わざるを得ない儀式のようなものだけれど、あまりおもしろい図ではないなー。というか、気の弱い私など、よう見れたもんではない。あれだったら、先端が蛇腹になっている玩具のハンマーで殴らせた方が、いやもちろん殴るのは町長さん、殴られるのは一応ヘルメットをかぶった東電社長だが、見ている分にはずっと爽快感がありそうだ。殴ってるうちに、いよいよ憎しみも増すだろうから、回数は思いっきり十回こっきりとでもしておこうか。

プラグを抜く勇気

五月六日

新聞が読めるようになったのは良いが、いやなニュースが目に付く。今日のそれは、自民党内で「原子力守る」政策会議が発足したことである。東電の元副社長で現在は顧問の加納時男・元参議院議員が「参与」として名を連ねている。彼はインタビューで「低線量の放射線はむしろ体にいい。これだけでも申し上げたくて取材に応じた」などと、被災者の神経を逆なでするようなとんでもない暴論を吐いている。前にも言ったことだが、そんなに安全で、しかも健康にいいとまでおっしゃるなら、原発の側に暮すなり、あるいは日焼けサロンのようなところで、こんがり放射線を浴びたらよろしい。

救いは、すぐ横に掲載されているインタビューで、河野太郎氏が「次の選挙でそういう議員（推進派議員のこと）を落とすしかない」とまともな答えをしていることだ。そうかい、早くも推進派がうごめき出しているのか。ただいつものことだが、今の日本ではまともな人は常に少数派であるという情けない事態が続いている。

加納時男のニュースよりも胸糞悪いのは、ビンラディン殺害の詳報である。武器を持たない相手を有無を言わせず殺害したあと、DNA鑑定で本人であることを確認し、それから死体を海の底に沈めたそうだ。これって質の悪いマフィアのやり方じゃない？　おまけに、作戦が漏れることを怖れてパキスタン政府に知らせることも、ましてや了解を得ることもなく敢行したというから恐れ入谷の鬼子母神である。そしてホワイトハウスでは、作戦の一部始終を映し出す画面を、大統領たちが固唾を呑んで眺めていたというおまけまでつく。

九・一一が憎むべき犯罪であったからといって、今回の無法行為が免責されるはずもないのに、これを批判する論調がほとんどないというのは、これおかしくないですか？　そんなにアメリカに気を使わなくちゃならないんですかね。死者の数が違うなんて理屈は通りません。オサマとオバマとわずか一字違いだけど、無法者である点でもほとんど違わないと言われても抗弁できませんぞい。

またチラッと見たテレビのインタビューで、ノーベル化学賞受賞者の野依良治氏が原子力利用の今後について、どうですか脱原発の方へ向かうということですか、と聞かれて、どうも煮え切らない言葉に続けて、推進派も反原発派もともに原理主義であってはならないというようなことを言っているのを聞いた。白状すると、私自身は脱原発と反原発がどう違うのかも知らない、ちょうど原水協と原水禁の違いが分からないように。ただ野依氏がどういう意味で原理主義と言ったかどうかは知らないが、原子力利用に反対することに宗教的な理由などあるとは思われない。

つまり私は以前から、なにか宗教的な理由から原発反対を主張しているのではない。科学的といったら烏滸がましいが、原子力利用は決してクリーンではなく、またそこに生じる危険を人間は回避できないというごく単純で明快な理由から反対しているだけである。

要するに、イリッチという人が言う「プラグを抜く（アンプラグ）」、もっと古い喩えでは「パンドラの蓋を閉める」勇気を持たない限り、人類は救われないぞ、と主張しているだけなのだ。しかし原発問題だけでなく、ビンラディン殺害に伴う世界の緊張化など、今さら繰り返すのも癪だが、なんだかいよいよ住みにくくなりますなー世界は。かといって他に行くところなどないわけでありまして、そんなこと考えていきますと、夜も眠れなくなります。でもありがたいことに、というか自然の摂理でしょうね、私にも睡魔が訪れようとしております。難しいことはまた明日考えましょうか。それじゃ皆さん、お休みなさい。

揺れ動いてます

五月七日

これまでは書くことがなくなると、よくばっぱさんを登場させたものだ。わが親ながら、実に面白いキャラクターをしている（持っている？）から、話題は尽きなかった。しかしそのばっぱさんは、いま遠い十和田市にいる。最初は特別養護老人ホーム、次に有料老人ホームに。しかし詳しくは知らないが、そこはどうも扱いがいささか乱暴なところだったようで、体調を崩して（長旅の疲れもあるが）入院したあと、今度は扱いがていねいな（？）施設に移ったそうだ。このひと月ちょっとの間に三回も場所を変えたことになる。ちょっと可哀相にも思うが、しかし今回の大震災では、もっと可哀相な老人がいっぱいいるので、文句は言えない。

ところでそのばっぱさん、私としては、文章の中でさんざん揶揄し、ときには手ひどくこき下ろしたつもりだが、読んでくださる方の中にばっぱさんのファンが少なからずいたのは意外であった。私の扱い方の中にもばっぱさんに対する愛情みたいなものがいつのまにか滲み出ていたから、と思いたいが、いやそうではなく、彼女がもともと持っている人間的魅力が書き手の意に反して表れ出たということだろう。

いや言いたかったのは、そんな重宝な助っ人がほしくなるほど、平穏な日常が戻ってきたのかな、ということだ。しかし外出の度に、家の近くには、「遺留品縦覧会場↓」というポスターが数箇所貼られているのを嫌でも眼にしなければならない。つまり津波にさらわれた人たちの遺留品ということだろう。矢印をたどってみたことはないが、おそらく近くの小さな体育館、ふだんは剣道場に使われている建物ではなかろうか。

車はひところに比べるとずいぶん増えてきたが、歩いている人の姿はまだあまり見られない。そしてどこから派遣されてきたのか、自衛隊のジープやトラックが行き交っている。この連休中、大勢のボランティアが瓦礫や泥の掻き出しをしてくれたそうだ。要するに平和な日常はまだまだ戻ってきていないということ。

お気づきの方もいると思うが、三月十七日以降、このブログを一日も欠かさず書き続けてきた。それには多くの人の励ましがあったからだが、しかし平和な日常到来はまだまだとしても、正直に言えば、私の中では何かが終わった感じがしている。毎日環境放射能測定値をチェックしていたのは、なぜかはるか遠い日々のことのように思われる。(いま久し振りに測定値を調べてみた。零時現在〇・五〇マイクロシーベルトと出ている。ずーっと〇・五台を推移しているようだ)。

回りくどい言い方をしてしまったが、要するにこれまでは広場の壁新聞よろしく、いつも背後にたくさんの人の目を強く意識して書いてきたが、もうそろそろその段階は終わりかけているのではないか、と感じ始めているということだ。つまりモノディアロゴスの本来のあり方、その都度書きたいことを書きたいように書いていく、内向するということではないが、とりあえずは自分の内面に忠実に書いていく。

あゝしかし、たくさん善意の眼を感じながら書いてきたこれらの日々、その快感(?)を簡単に手放すことなどできるか?　正直揺れ動いてます。

幹事長ご来駕

五月八日

夕食後、例のとおり通りがかりに見たテレビに、南相馬市を訪れた岡田幹事長の顔がアップになっていた。このところテレビはＢＳの世界旅歩きのようなものしか見ていないので、幹事長が来ているというニュースも知らなかった。後からネットで確認したら、二〇キロ圏内の浪江町も視察したらしい。そして南相馬の二〇キロ圏内にわずか入っている化学薬品工場の操業再開を訴えられて、「最終的には、これは政治が決めていかなければならない問題だというふうに思います」となんとも頼りない返事をしたようである。その工場は友人の勤めているモンマかなとあわてて調べてみたら、大内新興化学という別の会社のことらしい。

一方で、菅総理大臣が浜岡原発の運転停止を要請したが、中部電力の臨時取締役会では結論が先送りになったと報じられている。静岡県知事は首相の「英断」に賛意を表しているが、立地している御前崎の市長は反対のようだ。震災前の福島原発の立地町村の長たちがそうであったように、原発依存体質に骨がらみになっているから、としか思えない。

いやこの二つの事例を並べて、素人目にも不思議でならないのは、一方では総理大臣の要請に対してそれを拒否する権利が留保されているのに、他方の二〇キロラインの方では、現状を勘案しての緩やかな対応が一切許されないということである。法的な解釈からすれば、一方が「要請」であり他方が……さてどこで決定されたのだろう？　政府決定（？）の違いはあるが、素人目には前者の方が「重い」ように思うが。要するにそれは、対するに一方が現職政治家たちや大資本、他方はまったく無力な零細企業だからでは、と思えてならない。

ユーチューブであれだけ反骨精神をアピールした市長なら、現地の行政のトップとして、お上からのお咎めを覚悟の上で工場再開を許可、そうまで言わなくても黙認したとしても、だれも文句をつけないはずだと思うが、どうなんだろう。つまり結局は「お咎め」もなくすべては「黙認」という形になるのではないか。いやそれくらいの気骨ある行政の長であって欲しい。今が平常時ではなく、まさに非常時（戦時下）なのだから。

東京に戻った幹事長が、その約束を忘れずに、関係諸機関に働きかけて操業再開を認めるかどうか、いまのところ五分五分かなー、いや七分三分。どちらが？　当たり前田のクラッカー（古っ）、不首尾いや下手をすると梨の礫（つぶて）が七分ってとこさ。

ともあれ変に生暖かい（小規模のフェーン現象？）一日だった。この季節、風の強い日が続く。わが陋屋はその風にあおられて、まるで地震かと間違えるほど家全体が揺れ動く。こんなときは散歩は無理。それで思いついてセブン・イレブンからアマゾンのギフト券（一万円の）を買ってきた。つまり以前テレビでマラソンの千葉さんが広告していたルームマーチというマシーン、そう坐ってても電気で自動的にペダルが動くやつ、を注文した。テレビで見ていたときには馬鹿にしていたが、美子のことを考えると意外といいかも、と思い直したのである。『脳から見たリハビリ治療』という本も一緒に注文した。もしかすると、美子には使うことができずに、私がテレビを見ながら肥満気味の老体のために使うかも。

そろそろ再開しようか

五月十日

昨日と今日、二日続けて朝方、布団の中で右足のふくらはぎが吊った、運動もしていないのに吊った。こんなことは初めての経験である。そればかりでなく、夢うつつの中で右手中指が、コの字型にやはり吊っていて、元に戻すとき、嫌な痛さが走った。指が吊ることはここ二月ばかりの症状で、クリニックでの定期健診のとき相談したら、別に心配はない、と言われて安心していたのだが。血圧・尿検査など特に異常はなかったのに、やはり疲れのせいだろうか。

午後、十和田に行った孫の愛から手紙が届いた。手紙と言っても、B5の白い無地の便箋に三つのジャガイモが描かれ、その周りにキティーちゃんシールが貼られただけのものである。しかし良くみると、それらはジャガイモではなく、眼や口もある人の顔のようだ。さらに良くみると、それぞれの下に、「あいちゃん」、「おじいちゃんだって」、「おばあちゃんだって」、と顥美の但し書きがついている。愛はピンク、おじいちゃんは青、おばあちゃんはオレンジと描き分けているところなど工夫のあとも見られる。あと一月で三歳になる愛の最初の手紙である。

　それに元気付けられたわけでもないが（いや、どうしたってそうだろう）、いつもの散歩の途中、そろそろ私も再開しようかな、と考えた。再開と言っても店ではなくスペイン語教室のことである。あのクソ忌々しい原発事故のためにいつまでも打ちひしがれているわけにもいくまい。会場の文化センターはまだ使用できないであろうから、自宅でやってはどうか。夕食後、相馬市の大谷さんに電話してみた。世話役の西内君や阿部さんに相談して後日知らせてくれることになった。初めから勉強というわけにもいくまいから、最初はお茶でも飲みながら元気付け合う会に、時間もこれまでのように夜ではなく、皆さん今は仕事がないから日中にする、という線で相談することになった。

　小高浮舟文化会館での文学講座の方は、いまのところまったく見通しが立たない。警戒区域で全員が避難しているからだ。年内に再開できれば御の字というところか。ところでばっぱさんの従妹のよっちゃんは今頃どこにどうしているんだろう。息子や娘（つまり私のまたいとこたち）が側にいるから大丈夫とは思うが。

　今日も通りすがりにテレビで辛いものを見てしまった。飯舘の酪農農家の牛たちがトラックに載せられて、たぶん殺処分場に行くところだろう。中に一頭、痩せ細ってはいるが、最後の力を振り絞ってトラックへの渡り板を昇っていこうとしない。待ち受ける運命を察知したのだろうか。やっと載ったトラックの板の間から飼い主が涙ながらに手を入れて牛を撫でていた光景が眼に焼き付いて離れない。

役割をはみ出るもの

五月十一日

昨夜はとうとうブログを休んでしまった。特に疲れていたわけではないが、美子の大事なものが大小とも昨日の午後から止まったままで気が晴れなかったからだ。これまでも何回かあったことなので、それに特に具合悪そうでもないので、大変心配したというわけではないが、それでもずっと気にしていたのである。初めてブログを読む人には何のことか分からないだろうが、要するに終末論的話題である（あゝ、この方がもっと分かりにくい、そうだろうなー）。

それが昼少し前（起床時から二度ほど挑戦したあと）、ついに大小とも無事出てきたのである。何とくだらない話を、と思われるかも知れないが、私にとっては大問題、たとえ世界が、原発事故が、どうなろうと、それよりかはるかに重要なことなのだ。

だから午後、晴れ晴れとした気持ちで散歩に出かけ、その帰りに久し振りにスーパーにも寄ったのである。めでたいことの後なので、美子にアイスクリームを、そして私にはビールを（おっと見栄張りました、発泡酒でした）半ダース買うためである。レジで順番を待っているとき、小柄で上品な顔立ちのおばあさんが私の方に近づいてきた。見覚えのない人である。するとそのおばあさん、にこやかに笑いながら、先日夜の森公園でお会いしました、ここにいつもいらっしゃるのですか、と聞いてきた。あっそうだ、あのときのおばあちゃん。確か小高から原町に避難してきた……。

にこやかに挨拶することがこんなにも人の心を温かくするんだ。だれもが会う人会う人に挨拶したら、どれだけ世の中が明るくなることだろう。それで先日ゆうさん（名古屋在住の教え子のハンドルネーム）のところで紹介されていた或る若者たちの泣けてくるような話を思い出した。いまテレビでしょっちゅう流されている「挨拶すればともだち増える」のＣＭを実際に実験してみたところ、通行人には不審がられ、最後には交番まで引っ張られてしまった若者たちの話である。

それでまた思い出した。ずっと気になっていること。それは警戒区域で番をしているお巡りさん、どうしてあんな威嚇的な態度をしてるんだろう、ということである。警備に就く前に朝礼か何かでそう指示されるんだろうか。軍事基地や国境線の警護じゃないんだから、もっと優しい人間的な顔してもいいんじゃない。それでなくてもいろんなことがあって傷ついている人が多いの（なんだかおねえ言葉になってきた）。笑顔を浮かべていても（ニタニタ笑わなくてもいいです、それだとかえって気持ち悪りいから）だれも損しないのに。

世の中、いろんな仕事、役割がある。会社員、銀行員、警察官……それは社会が機能していくためには必要なロール（役割）。しかし人間はそれぞれのロールにすべて収斂してしまったらロボット社会みたくなってしまう。つまり人間はそれらロールをはみ出るもの（であるはず）。警察官がその制服そのままのサイズで、そこからまったくはみ出るものがないなら、それこそ夜道の道端に突っ立っているベニヤ板の警官人形と変わるところがない。そんなだと世の中殺伐としてくるわけ……。

むかしありました久松静児監督の名画『警察日記』が。確かあれは磐梯山のふもとの町でした。森繁久弥が人情家のお巡りさんを演じてました。そうそうあの映画で仁木てるみが天才的な子役としてデビューしました。昭和三〇年の映画でした。

曽根史郎が甘い声で「もしもし ベンチで ささやく お二人さん 早くお帰り 日が暮れる 野暮な説教するんじゃないが ここらは 近頃 物騒だ 話の続きは 明日にしたら そろそろ広場の 灯も消える」って「若いお巡りさん」を歌ったのも、その翌年でした。なんだかこのごろ殺伐とした世の中になってきました。機能化された人間がやけに多くなりました。もっと人間的にいきましょうよ。この大震災が、そんな人間性を取り戻す契機になればいいと思いますよ。

嗚呼またもや自己責任！

五月十二日

やっぱり使いましたなー、国が大好きな言葉を……自己責任。実はこのところ、ずっと原発関係のニュースは見ないようにしてきた。もちろん精神衛生上悪いからである。だから川内村住民の一時帰宅の際、「警戒区域が危険であることを十分認識し、自己の責任において立ち入ります」という文言の入った同意書を書かされたことなど知らなかった。今日のニュースで、同じ文書の署名を求められた葛尾村の人たちがこれに強く抗議し、自己責任という言葉を撤回させ、さらに同意書を確認書に換えさせた、と知って、偉い！、と思わず叫んだ。

一昨年の五月だったか、この村に住む中本さん夫妻の家をスペイン語教室のみんなと訪ねたことがある。中本さんたちは東京からこの村に移り住み、農業をしながら夫婦それぞれ創作的な仕事をしてきた。そこは阿武隈山系の背にあたる高原の美しい村であった。大地震のあと、安否が気になり何回か電話をかけてみたが避難したのかむなしく呼び出し音が鳴るだけであった。今日、テレビ画面の中を探してみたが夫妻の姿を認めることはできなかった。たぶん東京の親戚か知人の元に身を寄せているのかも知れない。

それはともかく、先のような責任回避の意志が丸見えの、実にみみっちい官僚的な文章を書いたのはだれなのか。同意書（今は確認書）の宛先が何も書かれていないのも、意識的なのかあるいは単なる書き忘れなのかは分からないが、なんとも人間性の欠如したさもしい心根が透けて見える文章だ。

自分を川内村や葛尾村の村民の身に置き換えてみたら、と考えるだけで、あゝ自分だったらとても耐えられなかったろうな、と思う。たぶん瞬間湯沸かし器が沸騰するまでもなく、意気阻喪して、目じりからは涙、鼻からはじくじく鼻水を垂らしていたかも知れない、避難所生活で牙も爪ももがれた老いた狼のように。悔しくて悔しくて胸がつぶれていただろう。ただ側に何も分からないでおろおろする妻のためだけ辛うじて生き続けていただろう。

それにしても何ですか、あの薄い透明のビニール袋？　大きさはたったの七〇センチ四方の？　孫のランドセルを入れたら、もうそれだけで他のものは入らないよーっ！　それに何で透明でなけりゃならない？　何であんなに薄いビニールでなけりゃいけないの？　あれではまるで、破けるのを見越して、入るだけ商品を入れさせるスーパーの大売出しだぜ。なるたけ惨めな気持ちになるように仕組んだみたいだ。あゝだんだん腹が立ってくる。

もっと大きな、しかも丈夫な布製の袋ぐらい用意できなかったの？　長ーい持間待たせて、それもアホみたいな予行演習までやって。好きでんなーこの国は予行演習、何でも予行演習。辞令の授与式、卒業式、入試……。

二月ぶりのわが家、どんなに懐かしく、また悔しい思いでの帰宅だったか。あんな予行演習する元気があるなら、村民が二時間の間に詰めた袋を玄関先に置く。そしてその後、トラックかなにかで役人どもが回収して歩く。そしたら、あゝビニールでなくて丈夫な麻袋だったら良かったに、と思うだろう。いや、言いたいのは荷物運びくらい東電社員か役人たちのサービスにしなさいよ、ということ。とんでもない迷惑をかけてるんだから、そのくらいの骨を折ってくださいな。

だから確認書の最後の項はこうなります。

「私〇〇が玄関先に置いてきた袋を、東電社員あるいは日本国総理府の役人が避難所まで運ぶことを許可します。万が一運搬途中で中の品物を破損した場合は、運搬者の自己責任のもと、速やかに弁償することを要求します。」

翌朝の追記

文中「総理府の役人」などと書いたが、たぶん同意書の文案を書いたのも、もちろん帰宅作業を監視したのも、地元のお役人なんでしょう。昔からお役人は、下（しも）に行けばいくほど、お上の、時にはお上があえて言い出せないようなことを率先して体現するものですから。世界規模で言えば、教皇と教皇庁、国内規模で言えば天皇と宮内庁との関係に見られるように。ただし今回、天皇皇后両陛下は、たぶん宮内庁の意向を超えて、あるいは抑えて、人間としての自然な促しのままに行動されていて、私のような非国民もどきでもほのぼのとした気分になりますねえ。

追記の追記

今朝の新聞によると、現在の確認書にも、「十分に注意し、責任を持って行動します」と、まだ「責任」にこだわっている。問題児を指導する風紀係のバカ教員と同じ発想。国民をなめるな！

内部へ進め！

五月十四日

ハアー
遥かかなたは　相馬の空かヨ（ナンダコラヨト　ハ　チョーイチョイ）

相馬恋しや　なつかしや（ナンダコラヨト　ハ　チョーイチョイ）

夕食後、ユーチューブで久し振りに三橋美智也の「新相馬節」を聞いた（他にも森昌子や藤あや子、大塚久雄のがある）。伸びやかな歌声につれてはろばろと相馬の空が広がってゆく。相馬恋しや　なつかしや。しかしその空はいま放射線に汚染されている。聞いているうち、かつてなかったことだが、不覚にも涙があふれてきた。懐かしい、そして悔しい、情けない。

一八七八年（明治一一年）六月、イギリス・ヨークシャー出身の牧師の娘イザベラ・バードは東京を出発して日光から会津を通って新潟へ抜け、それからさらに北上して北海道まで、通訳の日本人の男一人を連れにしての旅を敢行した。後にそれは"Unbeaten Tracks in Japan"（邦訳名『日本奥地旅行』）として刊行された。芭蕉の『奥の細道』（一七〇二年）よりもさらに長途の東北紀行を著したのだ。それはともかく、バードの本の原題に注意が向かう。アンビートンはもちろん「未踏の」という意味だし、著者もその意味で使っているわけだが、しかしそれは同時に「征服されたことのない」、つまり「まつろわぬ」の意味がある。

私自身百パーセント東北人の血を引きながら、実は東北については何も知らないまま生きてきた。もともと母方は八戸、父方は会津が先祖らしいが、双方とも相馬に流れ着いたのである。道の小草にも米がなる（相馬盆歌）豊かな相馬に。

開闢以来経験したことのない大災害に見舞われた東北、鉄道網や幹線道路が寸断されて、一時はバードが旅した奥地に逆戻りしそうになった東北。いま少しずつ復興に向けての動きが始まっている。明治の富国強兵の時代には兵士の供給地として、太平洋戦争後の復興期には労働力の補給地として（「ああ上野駅」の時代）、そしてGNP世界第二位の時代には電力供給地として粉骨砕身してきた東北。もしかしたら、この大震災は自分たちのそうした過去を根本から考え直す絶好の機会なのではないか。純朴とか粘り強いとか、おだてられてきた割りには真のアイデンティティーを持ち得ないままに来たことを真剣に内省してみる好機とすべきではないか。

国家エネルギー政策でも相も変らぬ供給地の地位に甘んじてきた東北。今回の事故は、東京電力という国家お抱えの巨大企業にまさに収奪される図式が今さらのように露呈した事故だった。これからは巨大企業に吸い上げられる形ではなく、もっと分散型の、つまり地産地消型の形に変えていかなければならないであろう。

いやいや不慣れな領域で、よくは分からない問題について話すことはやめよう。ただぜひ言いたいことがある。新相馬節を枕に振ったのもそのためであった。つまりこの際私たちはそれぞれ自分とは何か、を真剣に考える必要があるということである。換言すれば、復興を目指すは良し。しかしどこへ？　個人であれ、国であれ、覚醒のために進む方向は二つ、いや三つある。すなわち元に帰る、現状を維持する、そして先に進むの三つ。復古も現状維持も論外であろう。では先に進むにはどうしたら良いか。いまだれしもが目標とすべきは、単に元の町に戻ることではなく、むしろ新しい形の町作りを目指すべきだということである。

だがおのれ自身をつかまないままに前に進むのは愚かであろう。新しい青写真のもとにテクノポリスでも作ろうか？　いやいや同じ進むにしても、これまで歩いてきた路線と地続きの未来ではなく、いうなれば内部に進むこと。

ちょっと古い例だが外国の例を出そう。一八九八年の米西戦争で新興アメリカ合衆国に負けたスペインは、自国の再建をめぐって喧々諤々の議論が持ち上がった。かつての栄光のスペインに戻るか、それともヨーロッパの先進諸国を目標に前進するか。そのときこれら二つの道ではなく第三の道を目指すべきという思想が強く主張された。すなわち前に進めではなく、内部へ進め、という思想である。内部とは？　それはすでに経験した過去へではなく、いつの時代にあってもおのれの魂の中に流れていたものへと向かうことである。つまり自分たちの歴史の中に、いやもっと正確に言えばその古層に脈々と流れていたものの再発見へ。

新相馬節を聞くときに、おのれの内部に湧き上がりあふれ出すものの再発見である。この議論、いささか込み入ってきたので、中途半端だがまた次の機会までお預けにしよう。

内部へ進め！（続き）

五月十五日

前回の舌足らずのメッセージに鋭く、また適切に反応してくださった方もいて、あのまま途切らせるのは無責任なので、もう少し続けてみる。歴史の古層などと辞書にもない新語を作ってしまったが、それを基層と言い換えてもいい。実はこのあたりの考えは、このモノディアロゴスの名付け親（と言っても彼が自分のエッセイ群をそう命名しただけだが）で前世紀前半に『生の悲劇的感情』（一九一三年）などをもって世界的な名声を博したスペインの思想家ミゲル・デ・ウナムーノの考えを引き継いでいる。

私たちは歴史というものを、たとえば天皇や王様など為政者たちの交代、あるいは戦争や領土拡大などいう大きな歴史的事件の継起として捉えるのがふつうである。しかし実際は、そうした表立った交代や継起は、ちょうど海面に惹起する波のようなもので、それらを支え産み出す深い海底なしには存在できない。ウナムーノは歴史の基層を内なる歴史（intra-historia）と名づけた。つまりレパントの海戦の大勝利の日も、いつものとおり生ぬるい水と固いパンをもって黙々と生業に携わる無数の名も無き人々の存在抜きには意味を持たぬ空騒ぎに過ぎないとしたのである。

歴史の表面に層々と積み重なったものを掘り下げていくと、その底に確かな手触りを感じさせる人間の基層にぶつかる。たとえば今回の大震災のあと、各地でたくさんの新しい出会いが、そして思いもかけない懐かしい再会があったはずだ。もちろん素晴らしい出会いや再会だけではなかった。ふだんは信頼し一目置いていた人が、意外にもそうではなかったという苦い発見もまたあったはずだ。

そしてそれら個々人の中に、さらに内なる世界が広がる。自分でも気づかなかった内なる私の発見。またまた話が脈絡を失って拡散しそうだが、怖れず続ける。たとえば私の中には福島県人とか東北人とか、日本人とかに納まりきれないものが見えてくる。たとえば私の中にかなりの確率をもって先住民族のアイヌ（神に対する〈人間〉を意味するそうな）の血が流れている、そしてさらにその底には縄文人の血が……。

今ではほとんどかえりみる人もいないが、かつて江上波夫の騎馬民族日本征服論が騒がれたことがある。歴史学的に異論があるかとは思うが、しかし日本人のアイデンティティーを考える際、大和朝廷を中核とする農耕民族と固定せずに、もっと広い世界の中で考えるための大きなヒントを与えてくれるのではなかろうか。

話は一挙に跳びますよ。だから今朝の新聞を見てびっくりしたし、イヤーな感じを持った。つまり大阪府の橋下徹知事が代表を務める地域政党「大阪維新の会」（維新）の府議団が、府立学校の入学式や卒業式などで国歌を斉唱する際、教職員に起立を義務づける条例案を五月定例府議会に提出する方針を固めた、というニュースである。何を馬鹿なことを言っとるか、である。これまで口がすっぱくなるほど（あゝ懐かしい表現）繰り返してきたが、伝統と伝統主義が違うように、愛国心と愛国主義は似て非なるものである。網野善彦氏の指摘を俟つまでも無く、日本国の存在はそう古いことではない。ましてや国歌や国旗においておや。つまり私は、日本人である前に東北人であり、アイヌとの混血であり、そして……縄文人なのだ。たかだか数百年の歴史しか持たぬ狭隘で排他的な日本人という範疇に押しこまないでくれー！

話はさらに飛ぶ（もはや跳ぶどころじゃない）。だからときどきBSで見るベニシアさんの番組、いたく感心してます。彼女、並みの日本人より、もちろん橋下知事より、はるかに日本人ですなー。彼女が日本国籍じゃなくても、たとえイギリス（でしたか?）国籍でも、そんなこと関係ない。彼女は日本人が失ってしまった日本人の魂を生きてますぞい。

最初怖れていたように、話は収拾がつかなくなりました。またそのうち、この議論を蒸し返しましょう。おやすみなさい。

つらつら考えますに……

五月十六日

二日続けて東京からの客人を迎えたから、というよりこのところ天気が良くても風が強いことから、散歩を休んでいた。しかしちょうどいい具合に、一昨日アマゾンから例のルームマーチが届いていた。スピード調節ができるので、かなり遅いスピードで美子にやらせてみた。片方の足をペダルに載せてもう一方の足を載せようとすると、先ほどの足をペダルから下ろしてしまう。そのままにして、と言うのだが、よく事情がつかめぬらしい。しかし何回か試みているうち何とかうまくできるようになった。自動的に自分の脚が動くので、不思議そうにしているが恐がる風ではない。慣れればうまくいきそうだ。これから雨の日や風の日でも散歩まがいの運動ができるわけだ。コマーシャルでは実際に歩くのと同じ効果があると言っていたが、まさかそれは言い過ぎ。しかし歩いた後の感覚に近いものが残っていることは間違いない。

ところでそれぞれの客人から似たようなことを聞かれた。つまり今どんな感じで生活しているのか、という問いである。改めて考えてみたが、自分でも良くは分からない。なにか取り留めもない感じ、旅先で感じる一種の浮遊感のようなものと言ったらいいのか。あるいは本当の生活が戻ってくるまでの待機の時間、猶予の期間と言ったらいいのか。もともと掃除など好きではなかったが、崩れ落ちた本などまだ整理する気にはならないし、生活に必要な空間、いわゆる動線の範囲のゴミは片付けるが、それ以外のところを掃除する気分にはまだなっていない。

いろんな方に送っていただいた救援物資の中にコスモス、エーデルワイス、そして石竹という私の好きな花の種の袋が入っていたが（思い出しました。盛岡の佐賀典子さんからでした）、いずれもまさに今が撒きどきなのだが、庭に降りて植える気にはまだなれない。

事故が終息しないうちは、このような中途半端な時間が流れ続けるのかも知れない。そう考えるとため息がでるが、しかし私たちの場合はまだいい方である。今も避難所生活をしている人たち、今まだ避難を余儀なくされている人たちに較べれば、天と地ほどの違いがある。三〇キロ圏外でも、たとえば福島市の場合、学校の校庭が放射線値が高くて使用できないところがあるそうだ。学童の親たちが心配するのも当然だ。表面を削り取っても、その土を捨てる場所が見つからない。

心境の変化ということでは、テレビや新聞を見たり読んだりするとき、これまではあまり気にならなかったことがやたら気になりだしたことか。たとえば若いアナウンサー（男女を問わず）がニュースを読み上げるときの声の調子や表情がいやに気になる。原発関連ニュースを報じた後、次のニュースに移るときの0コンマ何秒かの顔の表情が気になる。要するに、今報じたニュースの内容をどれだけ分かっているのか、どのように感じているのか、がまったく読み取れない。まるで人間味が感じられない、機械的な棒読みとしか思えないということだ。

新聞記事にしても、今までは署名記事かそうでないかあまり気にしなかったが、震災後は無署名の記事でも、だれかが書いたものには違いなく、その彼あるいは彼女がどういうスタンスでこの記事を書いているのか、非常に気になってきたのである。これは、震災による疲れからかよりセンシティブになっているから、というのではなく、物事の正否、適不適、真偽などが以前よりはっきり見えてきたと思いたい。もちろんそれは物事についてだけではなく、恐いことに、人間についても言える（ように思える）。私の場合はそうご大層なものではないが、人によってはまさに地獄を見たわけで、物事がそれまでとは違った風に見えるはずである。そしてそうあらねば、この未曾有の経験の意味がない、高い授業料を払った甲斐がない。

おやおや今夜はやけに真面目なことを真面目に言いました、柄にも無く。

唐突な女房賛歌？

五月十七日

今日も一日が終わる。美子を叱らないで一日を終えることができた。ありがたい。

こちらの言うことは一切伝わらないことに業を煮やして頬を平手で叩いたこともある。しかしそれで美子が理解するはずもない。そのあとは決まって惨めになり、自己嫌悪に陥り（いやー違うな、ただただ悔しくて）、その泥沼から抜け出すのに優に三〇分はかかる。美子が認知症にならなかったら、いろんなことが相談できたり話せるのに、と思うことはある。結婚以来ずーっと、自分の書いたものを、真っ先に見せ、その反応を見るのが楽しみだったから。パパいいねー、とてもいいと思うよ。悪いことはめったに言わない。美子の「いいねー」で、すべてが完結した。

今日も無事一日が終わった。寝かせる前にトイレに連れて行き、そのあと洗面所で歯を磨かせる。ときどきブラシを口に入れたまま、どうしていいのか分からなくなる。手を添えて少し動かしてやる。すると思い出すのか歯ブラシを動かす。コップで水を含ませてやる。「がぶがぶしようね」と促すとがぶがぶするが、しかしたいていは、口の中の水を洗面台に吐き出させるのに時間がかかる。口の中のものを出す、ということが見えなくなる。時に洗面台の中にうまく吐き出せないことがある。そんなとき、うーんと残念に思う。でも叱っては駄目、なんで叱られたか皆目分からないのだから。居間に戻る。敷居のところでスリッパを脱がせるのにまた手間取る。ときにあきらめてそのままソファに坐らせてから、スリッパを脱がせる。視空間失認というやつだ。

食事のときも、自分で箸やスプーンを使えなくなってから久しい。スプーンを口元まで持っていき、あーん、さあ口を開けて、と言ってもそれが脳に伝わるまでまた時間がかかる。

大変だなー、ですって？　イライラし腹を立てることがあっても、これ以外の生活を考えることができない。ときどきイライラしながらも、この生活に……そう間違いなく満足している。これ以外の生活を考えることができない。

こちらが言うことがほとんど、九五パーセント、は伝わらないが、でもそんなことどうってことはない。じゃまったく伝わらないか、と言えば、どうもそうではなさそうである。先日も来客に向かって、さて何について話していたのだったか、ともかく何か胸に深く感じながら熱心に話していて、ふと脇の妻の顔を見ると、なんと涙が滂沱と彼女の頬を濡らしていた。話の内容を理解していたのか。たぶんそうではなく、私自身の感動を彼女が敏感に感じ取っていたのだろう。

なんで今夜は唐突に女房賛歌（？）を歌ってるのかだって？　いいじゃない、たまには。他人から見れば、惨めな老老介護の一例でしょうが、ちっとも惨めじゃありませんぞい。彼女が可哀相ですと？　いやー可哀相じゃないかも知れませんぞ。だって彼女は遠ーい昔から、私の側にいるのが大好きでしたから。彼女が決して理解できないコマーシャルは、「亭主元気で留守がいい」でしたから。そして施設になんぞ入れたら、今度は私自身がどう生きていけばいいか分からなくなる。

今はどこに行くにも一緒、朝から晩まで、最大距離三メートルでずっとくっついておりますです。

復興準備区域へ

五月十八日

今日の散歩は久し振りに新田川河畔に行ってみることにした。鴨の家族の姿は無かったが、代わりに堰のところに嘴の長い見たことのない水鳥が一羽、じっと立っていた。小魚をねらっているのだろうか。下水処理場横のいつもの小径を突き当りまで行って戻ってくるのだが、わずかな距離なのに最近は疲れるのか、引き返して半分くらいになると極端に歩き方が遅くなる。でもこういうとき、せかしたり強く引っ張ったりしない方がいい。小鳥の声や道端の草花に注意を向けるようにしてゆっくりゆっくり歩くようにすればよい。

帰る途中、いつも買い物をしていた量販店と百円ショップの方を見ると、駐車場に車がかなり停まっている。もしや開店したのか、と寄って見ると、やはり営業を再開していた。いつから開いたのだろうか。それはともかく、これで市民の、いや私だけかも知れないが、生活に不足のものはなくなったわけだ。

そこで改めて気になっていることがある。それはこの町の小学生から高校生までの学校生活はどうなっているか、ということだ。たとえば小学生だが、原町区に現在住んでいる小学生は、隣りの鹿島の小学校までスクールバスで通っているらしい。事実、昼過ぎの通りに、バスから降りて帰宅する小学生の姿を眼にする。しかし不思議でならないのは、市内の小学校のうち第一小学校は現在避難所になっているが、第二と第三は空いているはずなのに、なぜそこで授業をやらないのかということである。残留している小学生の数は少ないはずだから、第二か第三の校舎を使えばじゅうぶん授業に使えるのに、なぜそうしないいんだろう。確かに緊急時避難準備区域ではあるが、放射線値は隣りの鹿島とほとんど変わらず、自宅からの通学も可能なのに、例の三〇キロラインの呪いにかかっているのだ。

私が学童の親だとしたら、大気中の放射線を浴びるということだけに限っても、自宅から近くの学校に通学させるより、バス停まで歩き、そこで待つ時間、そしてバスに乗って隣の区まで行く道中の方がもっと心配のはずだが、だれも異を唱えていないようだ。だったら私などが口を挟むまでもないが、馬鹿げた処置であることには変わりが無い。中学生のことは知らないが、高校生の場合はさらに遠い相馬市の高校までバス通学をさせているらしい。

もう一度言う。放射線値も変わらない遠方までなぜ通わせる必要があるのか。もっと問題なのは、行った先の学校には空き教室がある訳も無いから、ある時は廊下を使って授業をやっているらしい。あれもこれも三〇キロラインというマジックサークルに囚われての総理府の通達を何の疑念も抱かずに、そんな馬鹿げたことをやっているわけだ。つまりかつての日本郵便やクロネコ、そして飛脚が総務省通達という呪縛にかかっていたように。幸い物流の方は、現在は完全に旧に復しているが。

私が父兄だったら、日本郵便に対してのときのように皆さんの助けを借りて声を大にして抗議していたはずだが、これら学童たちの父兄でないので、何も言うつもりはない。

ともかく、百円ショップの開店に表れているように、ここ南相馬市の市民生活はいくつかの欠落部分を残しながらも、ほぼ平常時に戻っている。前にも言ったように、緊急時避難準備区域という苦心の命名は、いまや完全に有名無実のものとなり、実際には復興準備区域だということである。

それから、放射能については相変わらず無知のまま、そして今後も死ぬまで調べたりする気はさらさら無いが、しかしそんな私でもだんだん分かってきたのは、毎時発表される環境放射線値なるものの実態は、空気中の数値というより表土のそれだということである。つまり空気中に常時漂っているものではない、ということだ。そうでなければ、たとえばここ数日の南相馬市の数値がずっと〇・四九マイクロシーベルトであるわけがない。つまり過去の或る日、風に吹かれて当地に飛来し土壌に付着した放射能が雨や風によって多少の変化を見せながらもほとんど変わらないからこその数値だろう。だから子供たちは別としても、八〇、九〇のじいさんばあさんが鼻の辺りに汗を溜めながらマスクをしていると、つい近寄っていき「おじいちゃん花粉症？　でなかったら大きく息を吸って吐いた方が健康にいいよ」と言いたくなる。もちろんそんなお節介はしていないが。

分校校長の始業の挨拶

五月十九日

夕飯の準備をしながら、通りがかりに見たテレビで、福島市のどこかの高校で間借りしながら今日始業式を迎えた県立相馬農業高等学校飯舘分校（本校はわが南相馬市にある）の校長が式辞を述べている。「……今日の始業式を多くの人たちのおかげで迎えることができました……」、その前になんて言ったのか、そしてその後、なんと言葉を続けたのかは知らない。だからこれから書くことはまったくのフィクションであることを予めお断りしておく。そう、校長の名前を富士貞房とさせていただこうか。

「……さて皆さん、ここまではふだん私が始業式で話す挨拶の言葉です。しかしここからは今年の始業式の本当の意味を、校長としてばかりでなく人間富士貞房としてお話ししたい。来賓席には国や県の偉い方々が参列しておられますが、その人たちにはおそらく耳の痛い、いや不愉快なことも言わなければなりません。

今日から高校生活を始める新入生も含めて、みなさんには国が定める成人にはまだ間がありますが、しかし物事の道理、正不正についてはじゅうぶん理解できる年齢です。今回の大震災、とりわけ皆さんの村に降りかかった不幸な出来事については、今さらその経緯をお話しするまでもないでしょう。皆さんのお家で、ご両親が、おじいちゃんおばあちゃんがこれまで毎日話し合ってきたはずですから、皆さんもいま村に何が起こっているのか、じゅうぶん知っていると思います。

先祖伝来の土地や家屋や家畜、つまり私たちのこれまでの生活の一切合財を、国のエネルギー政策の失敗から、手放さなければならなくなりました。村にいつ帰れるのか、まだまったく分かりません。

私はいま「失敗」という曖昧な言葉を使いました。つまり原発に依存する国のエネルギー政策そのものが間違いだったのか、それとも今回の事故は、未曾有の地震・津波の結果、運悪く起こった事故なのか、「失敗」という言葉そのものは何も言ってません。しかし今回の事故はその発端が地震・津波であったとしても、人間が作った施設の事故であるという意味では、間違いなく人災です。

人災である以上、人間の作為が関与している、つまり事故の原因とまでは言えないまでもその誘因については、それを企図し推進した人間がいるはずであり、その人たちの責任は重大でこんご厳しく検証されなければなりません。そして事故後いろんな場面で「想定外」という言葉が使われました。ある場合には明らかに責任逃れの言葉として。しかし事故が「想定外」のものだと言うことは、或る人たちが或るところまでを「想定した」ということです。それがもろくも崩れたということでしょう。私はここで具体的にだれがその責任を負うべきか、などを究明するつもりはありません。

ただ、これから高校生活を始める生徒諸君、そしてこれから高校生活最後の一年を、あるいは二年目を迎えようとしている皆さん全員にぜひこの機会に言いたいこと、そしてお願いしたいことがあります。それを簡単に言えば、世の中の間違ったこと、不正なことに対して、正しく怒ることを忘れないで下さい、ということです。良い子でいなさい、社会に役立つ人間になりなさい、とは言われてきたでしょうが、必要なときに正しく怒りなさい、とは初めて言われたことでしょう。しかし私は、この正しく怒ることがこの国をもっとましな国にするためにぜひ必要なことだと言いたいのです。

今回の原発事故のあと、それまで原発に賛成してきた人、賛成しないまでもそれを黙認してきた人が、手の平を返したように、自分はもともと原発には反対だったなどと言い出しました。その人たちを非難するつもりはありませんが、しかし世の中に起こる不正や間違ったことに対して、その都度はっきり「ノー」と言うことが大切なのです。そして事態が間違った方に向かうときには怒りの声を挙げてください。具体的な反対運動に身を投じなさいと言うつもりはありません。とりわけ高校生のみなさんには、いまいちばん必要なことは、良い就職をするためではなく、人生を有意義に生きるために必要な理解力・判断力を養うための勉強を一生懸命することなのですから。でも昔と違って、政治を動かすためにはデモや集会などしなくとも、ケータイやインターネットという新しい手段がありま す。

実は震災後、私自身がブログなどを通じて自分の考えを表明してきましたが、その過程で沖縄のある高校生のブログに出会い、たいへん感銘を受けました。彼のブログの主な主張は反原発ですが、しかしそれは特定の政党や団体に属してのそれではなく、まったく個人的な動機で始めたブログでたどり着いた考えでした。それも高校生らしく世界のいろんな国の電力事情やエネルギー政策の客観的なデータを集めながら、自分の言葉で自分の考えを表現しているのです。在校生には私がいつも言ってきたことですが、勉強することの最終的な目標は、「自分の目で見、自分の頭で考え、そして自分の心で感じる」ことです。私が知らないだけで、みなさんの中にはこの沖縄の高校生のような勉強や活動をしている人がいるかも知れませんね。そうだとしたら教師としてとても嬉しく思います。

もしかすると、いやかなり高い確率で、皆さんは将来、飯舘村再建の最前線に立たなければなりません、そのために必要な知識や思考力をしっかり身につけていってください。今から十五年前ですから、まだみなさんが小学生だったころの話ですが、皆さんのお父さんやお母さんはいわゆる平成の大合併のうねりの中で、お隣の南相馬市と合併せずに個性豊かな村であり続けるという実に賢明な選択をしました。そして豊かな自然を有効利用しての農業や牧畜を発展させてきました。ですから今回の計画的避難区域という屈辱的な扱いを受けて、村民の皆さんがどれだけ胸が張り裂けるような無念さを感じておられるか想像に難くありません。

最後にもう一度言います。皆さんは皆さんのご両親やおじいちゃんおばあちゃんの心の痛みを決して忘れないで下さい。そしてその無念さをエネルギーに換えて、村再建のため、いやいやそれに留まらず、もっと住みやすい、もっと人間的な国を作るためにしっかり勉強してください。こうして壇上から話しながら、先ほどから皆さんの顔を、皆さんの目を、老眼鏡越しに見ておりました。そして安堵しました。皆さんの目の輝きはほんものです。期待できます。そして同時に、脇に並んでおられる政府関係者、県庁のお役人たちの顔も眼鏡の端に捉えていました。その方々も、私の意見に賛成なさっているのが、時おりの頭の動かし方からも推測できました。たぶんみなさんご存知と思いますが、本年度が私が校長を務める最後の年です。村の校舎を遠く離れての不便な一年ですが、教師も生徒もこの逆境の中、かえってたくましく元気にがんばっていきましょう。以上で少々長すぎた私のお話を終わりにします。」

復興準備区域宣言

五月二十二日

いわゆる環境放射線値というものが何を意味しているのか、そしてそれをどのようにして計測するのか、今まで特に知ろうともしないできた。しかし収束への道筋がはっきりしないままの状態が続いていくうち、さすがに気になってきた。初めのうちは大気中に浮遊する放射線の値だと思っていたが、福島市などの小学校校庭で表面の土を三センチほど削ると、五分の一（？）くらい一気に数値が下がるなどの報告を聞いているうち、ようやく気がついた。つまり過去のある日（タテヤとかで水素爆発があった日でしょうか？）風に乗って飛来して地面に付着した放射能が雨や風で多少の増減はあるが、最初とほとんど変わらないままに（それが放射能の恐ろしいところか）今日に至っている、と（このところわが南相馬市はずっと〇・五のあたりを推移している）。

東京から実家に一時帰宅した佐藤喜彦君によると、市役所で職員に福島市や郡山市はここより常に三倍ほど放射線値が高いのに、なぜ南相馬市だけが緊急時避難準備区域に指定されて、いろいろと不自由を強いられているのか、と詰め寄ると、あちらを避難区域に指定すると、ここより何十倍かの市民を動かさなくてはならなくなり、大混乱に陥るのが分からないのか、と逆ギレされたそうだ。へー、そういうこと？　そうでないかなー、と思っていたが、そう露骨に言われるとアホらしくなりません？

これって特別に心配されて、つまり優遇されているの、それとも軽く差別されているの？

モニタリングの個所も増え、かなり正確に放射線の汚染分布が分かってきたのに、どうしてあの魔法のリングが修正されないのか。たとえば私のいる原町区では、緊急時避難準備区域というありがたいレッテルを貼られているおかげで、いいことは何もない。ようやく物流が改善されてはきたが、先日も問題にしたように、不自由かつ不便な学校運営を強いられているし……いやいちばん問題なのは、わが家と同じ町内のTさん一家がこの町に見切りをつけ、実際はここより放射線値の高い郡山に越していった例に見られるように、市民が櫛の歯が欠けるように他所に流出していることだ。

当節の情報伝達は実にちぐはぐなものである。つまりテレビなどによる伝達がデジタル化しているおかげか、以前より密なものになってきている一方、たとえば市民に対する重要なメッセージがあったとしても、避難所行きの説明会が市の広報車によって風の合間に消え消えに聞こえてきたように、耳の遠い人や近所づきあいの少ない人にはまったくのつんぼ桟敷に置かれていることである。いや支援物資のことだって、文書で回覧されたわけでないから、西内君が気を利かせて取りに行ってくれなかったら、いっさい援助を受けられなかったはずだ。また区長さんが避難所から戻ってきたので辛うじて間に合ったが、県からの義捐金分配も東電の賠償金の申請も、もし彼が戻ってこなかったらまったく分からず仕舞いだったことになる。

津波ですべて流された区域ならいざ知らず、一時は機能しなかった連絡網（つまり市の広報のようなもの）をなぜ再構築しないままで今日に至ったのかが解せない。確か一度だけ半ペラの広報が配られたが、重要なメッセージはなかったような気がする。ユーチューブには能弁な市長が、せめてB5半裁紙の大きさのメッセージでもいい、いまいちばん市民に伝えたいことをなぜ発信しないのだろう。

そうだ、先日の分校校長の偽挨拶に倣って、今日は偽市長のメッセージを作ってみることにしよう。

「市民のみなさん、今回の未曾有の地震・津波のあと、原発事故発生という最悪の不幸がわが南相馬市を襲いました。震災による被害（死者・行方不明者の数、家屋流失や損壊の数など）の中間報告は別紙のとおりです。震災直後から私自身皆さんの生命・財産を守るため、市職員初め関係諸機関の総力を挙げて努力してまいりました。しかしここにきて重大なミスを犯していることに気づきました。それだけ次々と派生する難問解決に没頭していたから、というのは言い訳に過ぎません。心からお詫びいたします。そう、ミスというのは市長として市民の皆さんにぜひ伝えるべきこと、お願いしたいことを直接文書をもってお伝えしてこなかったことです。

簡単に申し上げます。現在わが南相馬市は、国によって警戒区域、計画的避難区域、緊急時避難準備区域、そしてなんの指定もされていない区域と四つの区域が入り混じるという特殊な位置にあります。しかしこの市庁舎が位置している原町区の大部分は、幸いなことに環境放射線値も低く、普通の市民生活を送るのにまったく支障を来たさない区域です。物流に関しては、いろいろな人の働きかけによってほぼ旧に復しました。しかし小中高の学校に関しては、現在国の指導のままに三〇キロ圏外の学校の校舎で間借りしながら不自由な学校運営をしていますが、これについてはできるだけ早いうちに、この町の実状に即した、もっと安全かつ効率的な運営に漸次切り替えていく所存です。これについては私たちの町・南相馬市の市長として、たとえ国から嫌な顔をされようと断固市民の側に立った決断をするつもりです。

特に本日、皆さんにお願いしたいことは、原発事故の収束を待つまでもなく、今から町の復興を目指す活動を始めなければならない、そのためにはこの町に踏みとどまって協力していただきたいということです。はっきり申し上げます。わが南相馬市は健康被害の心配なしに生活するための場所がじゅうぶん残されているということです、傷は思ったより浅いのです。そしてこの部分から力強い再生の動きを始めていかなければなりません。図書館やゆめはっと（文化会館）、文化センターなどできるだけ早いうちに再開し、生活物資だけでなく市民の精神面での活力を取り戻さなければなりません。市の中核が活性化すれば、いずれあの忌まわしい二〇キロ圏内の区域が戻ってきた暁に、全体としての市の真の再生がより一層加速することでしょう。

そうです、緊急時避難準備区域は、今日から実質的には復興準備区域となるのであります。やむをえない事情があって他所に行かれる方を無理には引き止めませんが、しかしできるだけ多くの皆さんに私たちの南相馬市再生（ルネッサンス）という壮大かつ感動的なドラマの主人公になっていただきたい、これが市長としての心からのお願いであります。

二〇一一年五月二十一日

（偽）南相馬市長」

ちぢこまるの愚

五月二十三日

昨日の復興準備区域宣言については、いろんな人から賛成の意見を頂いたが、あれに付け加えなければ、と思っていることがある。それは私たち自身がそう思うだけでなく、政府も早急に無意味な同心円区分を修正し、たとえば原町区の緊急時避難準備区域なる指定を撤廃することだ。もし国としてその修正に応じないというのであれば、昨日のように市長が実質的な復興準備区域宣言をすることである。

現在のような状況で何がいちばん悪いのか、と言えば、すべてにわたって中途半端であることだ。その原因の一つは、現段階ではだれも、つまり専門家さえ、放射線量の閾値《いきち》がいかほどなのか分からないということである。閾値とは「特定の作用因子が、生物体に対しある反応を引き起こすのに必要な最小あるいは最大の値。限界値あるいは臨界値ともいう」。そこで思い出すのは、東電の元会長が、微量な放射線はむしろ健康にいい、という暴論を吐いたこと、それに対して腹を立てたが、後から考えたのは、彼の言っていることそれ自体はもしかして正しいのでは、ということである。

ことほどさように、私たちは実に不確かな状況の中にある。そうした状況でなにがいちばん悪いのか、と言えば、繰り返しになるが、中途半端に暮らしていることである。もっとはっきり言えば、すべてにわたって萎縮していること、まるで息をつめたように生活していることである。収束の可能性がいまだ明瞭でなく、かなり長期化すると考えた場合、もっとも注意すべきはストレスを溜め込むことである。特に私のような老人にとって（実は口ではそう言うが、そして肉体的にはそう認めざるを得ないが、自分のことをまじめに老人と思ったことはない）、これからの一年や二年（あるいはもっと？）は、残り少ない余生の中の実に貴重な一年であり二年である。

つまり誤解を怖れずに言うなら、本来「生きる」とは、だれかのお墨付きがあるからではなく、それこそ絶えざる選択、もっと露骨に言えば究極の自己責任のもとの行為なのである。今回の大震災ではしなくも見えてきた峻厳な真理もまたこの「生の選択」であったはずだ。津波の激流の中で生還を果たした人たちの行為に、それは劇的な形で顕現している。もちろん自由な自己選択がかなわぬ子供たちのためには、その選択が考えられる限りもっとも賢明なもの（心配のし過ぎとは違う）でなければならないのは言うまでもないが。

要するに、どこか遠いところに行くのであれば別だが、ここで生き続けることを選択したなら、萎縮しちぢこまって生きるなんてのは愚の骨頂だということである。原発事故現場ウォッチングはだれかにまかせて、自分としてはもう原発や放射線のことは考えないで、日々の生活を大事に大事にすることである。貴重な時間を無駄になぞしてたまるかーっ、ということだ。もちろんこれは、老人たちだけだなく、すべての人にも当てはまることだが。

自宅学習はいかが

五月二十五日

朝日新聞の「いま伝えたい　被災者の声」には連日写真入で各地の被災者の生の声が掲載されている。私の一家も震災後まもなく、二つの新聞に載った。おかげでそれまで音信が途絶えていた人と再び繋がることができたし、これまでまったく知らなかったたくさんの人がこのブログを読んでくださるようになった。改めて新聞というものの威力を思い知らされた。そう言えば、終戦後間もなくのころ、ＮＨＫラジオの「尋ね人」という番組があり、戦争によって離ればなれになった人同士がしきりに互いの消息を尋ねあったものだが、それと同じ役割を、現在ではテレビと新聞が担っているというわけだ。満州からの引揚者だったわが家でも、知人の消息が知りたくてずいぶんあの番組を聞いたものである。

さて今日もそのページを見ていくと、あれっというような記事が眼に飛び込んできた。南相馬市原町区のお母さんと幼い二人の娘さんの記事である。自宅が津波被害がなく無事だったのに、放射能が怖くて福島市のあづま総合運動公園内の体育館で暮している親子らしい。あれっと思ったのは、震災後すぐのときにとりあえず避難していったのは理解できるが、それから二月以上も経っていろいろと状況が分かってきたのにどうして？　と思ったからである。放射線値のことなら原町区より三倍も高い福島市でなぜ不自由な避難所生活を続けているのか、正直分からない。避難所生活が意外と楽しいと思っているなら、それはそれで文句をつけるつもりはないが……唯一考えられるのは、例の緊急時避難準備区域という、実際は現実と懸け離れている線引きに縛られていることか。

今日の散歩はまた新田川河畔だったが、その途中、迎えに出たお母さんと一人の小学生の姿を見た。隣りの鹿島区の小学校からの帰り道だろう。先日も言ったように、これも実におかしいことだ。私が小学生の親だとしたら、どうしたろうと考えてみた。隣町の小学校にバス通学などさせずに、原町区の空いた小学校での授業再開を主張しただろう。それが聞き入れてもらえなかったら、事故の方が収束するまで、自宅学習を許してもらえるよう働きかけたかも知れない。つまり日ごろから子供の教育すべてを学校に丸投げするような風潮を嫌っているからだ。それでなくても今は非常時（そして自分の勤務先は休業と仮定しよう）、だからせめてこの機会だけでも、わが家で思い切り本を読ませたい。私の家に来てもいいというお友だちがいるなら、わが家でその子らの面倒を見てもいい。もちろんまるっきり自由というわけではなく、学校側からおおよその勉強内容が指示される。

むかし教師をやっていたのに、と思われるかも知れないが、明治以降、日本ほど学校信仰が深く根付いた国も珍しい。子供の教育にとって、学校はあまたある教育手段の中でもっとも効率的で均質的な方法・手段の一つに過ぎない。つまり学校が独占的に教育全般を支配しているのはむしろ不健康なことだと、今度の震災を機に親たちが考えてみる必要があるのではないか。すべてを文科省や教育委員会、そして学校に独占させるのではなく、それぞれの家庭が応分の責任というか権利を取り戻す必要があるということだ。

原発事故が収束するまでのあいだ、どうしても学校生活を続けさせたい家庭に対しては、校舎・教員などの手当てをするが、一方で自宅学習を希望する家庭に対しては（中高生については無理としても、少なくとも小学生に関しては）それを許し、そのためのガイドブックを作成し、担任教師が定期的に家庭を巡回し、必要な指導助言を行なう。なお夏休みなど数度にわたって放射線値など気にしなくてもいい大自然の中の林間学校などで思い切り友だち同士の友好を深められるよう配慮する……どうもこの自宅学習の可能性は夢のまた夢かも知れない。しかし今回の震災が、これまでの学校教育を根本から見直す絶好の機会であるにもかかわらず、相変わらず余裕のない、本当の思考力や創造性の涵養とは反対の、従順だが自分の頭で考えることの少ない子供たちを、まるで金太郎飴みたいに量産する学校システムを継続するだけだとしたら、情けない、無念だ、と思う。

一度地元の高校で開かれた相双地区の先生方のある教科の研修会に呼ばれたことがある。思い切って言わせてもらおう、なんと先生方の元気のないこと、たぶんつまらぬ雑務や部活指導で休み返上の生活に疲れていたのだろうが、これじゃ子供たちも元気がなくなる、と思ったことを覚えている。子供たちを地域全体が育てていくという発想転換をしない限り、南相馬の未来も暗いですぞ。もしもなにかお手伝いできることがあったなら、老軀に鞭打ってでもお手伝いします。話は思わぬ方向に脱線し始めました。ここらで軌道修正、いやここらで今晩は終わることにしましょう。

被災者目線

五月二十六日

「どうした、また浮かぬ顔して？　さすがに疲れたかな？」

「さすがに、ってどういう意味？」

「おや今晩はいやにからむね？　さすがに、っていう意味は……」

「いいよ今さら弁解しなくっても。つまり緊急時避難準備区域の証言者として発信することに疲れた、というより飽きてきたということだろ？　でもだれが頼んだわけでもなく、いわば自分から進んでその役を引き受けたんじゃない？　疲れたら休むし、飽きたらやめたらいいんじゃない？」

「もちろんそのつもりさ。それに避難準備区域なんていったって、何度も言ってきたように、今じゃまるっきり無意味な名称になってしまったんだものね。話は急に変わるが、先日、偽校長の挨拶と偽市長の宣言をそっくり転載させてくれという奇特な方がいてね、もちろん喜んでＯＫしたが、どんな人がそんな不思議なことをするのか、調べてみたら運よく見つかった」

「へーえ、どんな人？」

「どんな人か僕にもよく分からないが、ともかく女の人らしく、crazy*3というなかなか面白いページを作っている。で僕のものを転載しているかと思えば、いちばん新しいページには五月二十三日参議院行政監視委員会の動画まで見れるようになっている」

「へーえ、君と違ってインターネットの利用の仕方はプロ級だね」

「で、その委員会には小出裕章、後藤政志、石橋克彦、そして孫正義という四人の参考人が呼ばれていてね……」

「私は最後の孫さんしか知らないね」

「私もそうだが（あっこれ当たり前だよね）、ブログでは小出なんとかという人の発言が動画で見れる。議員さんたちに今度の事故がどれだけ深刻なものかを実に分かりやすく、スライドも使いながら説明していくんだが、聞いていてだんだん腹立たしくなってきた」

「どうして？　原発容認派の議員さんを存分に脅せばいいじゃない」

「いや彼だけでなく、これまでいろんな人が原発事故とその被災地、被災者のことを解説したり説明したりしてきたけど、被災者の目線で発言する人は皆無と言ってもいいね」

「国や東電を批判してるんだからいいじゃない」

「いやいや、ＩＡＥＡの天野さんのときも言ったけど、事故責任者に対する鋭い刃先は、同時に被災者にも向けられてしまうということに気付いて欲しい。たとえば小出氏はこう言っている〈事故によって失われる土地というのは、もし現在の日本の法律を厳密に適用するなら、福島県全体と言ってもいい広大な土地を放棄しなければならない。それを避けようとすれば住民の被曝限度を引き上げなければならない……これから住民たちはふるさとを奪われ、生活が崩壊していくことになるはずだと私は思っています。〉」

「おやおやずいぶん暗い未来図を掲げましたね」

「ふざけんな、と言いたいね。代議士先生たちを前に滔々と歯切れよく演説をぶったつもりだろうが、てめえは被災者が今どんな気持ちで毎日を送っているのか少しでも考えたことがあるのか聞きたいね。てめえが全滅と抜かしおった福島県で、こうして元気に生きているし、これからだって生き抜いてみせるぜ。ただちに健康に被害はない、と言われる放射線の中で、ちょうど酷暑や極寒、旱魃や洪水にも耐え抜いてきた先祖たちに負けないくらいしたたかに生き抜いてやらーな」

「おやおや急に元気になったよこの人」

「この人って僕のこと?」

専門馬鹿

五月二十七日

今日もいつものように夜の森公園を散歩した。

公園は町の西方にまるで出べそのように突起した小さな丘、その坂道を妻の手を引いてゆっくり登っていく。ロータリーの中央にあった幼い姉と弟の像は、この間の地震で倒れたのか、跡形もなくなっている。そのうちどこかで修理されて、また台座に戻るのだろうか。

一巡して石のベンチに腰を下ろす。適度なほてりを、さわやかな微風が冷やしてくれる。そうだまだ五月なんだ。いやもうすぐ五月が終わるんだ。今年の春はどこに行った？　足元に蟻んこがなにやら忙しそうに行ったり来たり。ここは丘の上、二五キロ南から放射能は飛来したか。蟻んこが歩いてるその土は、いったい何マイクロ・シーベルト？

微量の放射能はむしろ健康にいいと、元東電会長はほざいた。あいつの口から言われるとごせやける（腹が立つ）けれど、でももしかして本当かも。ほらそこ行く蟻んこ、放射線の埃を浴びてもこもこ歩いてる蟻んこは被曝してどう変わった？　黒い精悍なボディー、もしかするとその艶は？

今日も妻の顔は明るい。最近はどんなにもたついても、いらいらすることは止めた。たぶんずっと靴が履けたり、階段を昇りきったりしたら、うーんと褒めることにした。スリッパの前で戸惑っても、いまなら何十分でもにこにこ待つことができる。いま頭の中の線が繋がらなくとも、そのうちピタっと繋がるのを待つことができる。

その妻も、蟻んこを見ている。蟻んこはマウスのように実験昆虫になることができるだろうか。昆虫はなれないって？　昆虫じゃないけれどメダカは、宇宙メダカとして貴重な実験に使われてるよ。じゃメダカさんに頼もう。放射線をどれだけ浴びれば健康に害になるか、その閾値を見定める実験台に上ってもらおう。

そういえばこの間、宇宙飛行士の若田さんと野口さんが被災地の子供たちのために講演に来たそうな。地震や大津波のことを忘れるには、思い切り地球を離れて、広大な宇宙の話をするのはいいかも。

でも本音を言うと、宇宙の話よりか、この地球という星の大切さを改めて話してもらいたかった。

宇宙ロケット開発に結集している現代科学、その最先端を行く科学者さんたちにお願いしたい、どうかその知恵を放射線医学のために使ってください、と。いつまでもとは言いません。たとえ廃炉にもって行っても、放射線を被曝した子供たちのことは、あと十年以上はしっかり見届けてやらなければならないのですから。

日差しが強くなったので、木陰に入るように妻と少しベンチの上を移動する。この陽光の温かさ、足元をくすぐる微風、これはまさに現実、この間の小出助教授が言うように本当は放棄しなければならぬ土地などではありません。この紛れもない現実を否定する奴はだれでもいい、まずここに来て、この大地の上に立ってみてくれ。これが夢か？　これが蜃気楼のようにいずれ消え去る幻か？　いやいや紛れもない現実そのもの。

小出さん、だまされたと思って、一度この夜の森公園に来てみて。そしたら、参議院であんな演ぶてないはずだから。

最後にオルテガという現代スペインの優れた思想家が、その著『大衆の反逆』で言っている言葉を引用させていただく。いわゆる科学者さんたちには少々耳障りな言葉だけれど。

「今日、かつてないほど多数の《科学者》がいるのに、教養人がずっと少ない」

それを私はこう解説したことがある。真の教養とは「事物と世界の本質に関する確固たる諸理念の体系」（『大学の理念』の中のオルテガの言葉）、あるいはそれを積極的に求めようとする努力である。

しかるに現代の科学者は、おのれの専門領域については豊富な知識を有し精緻な思考を駆使するが、それ以外に関してはまったくの無知をさらけ出す、と。

そう、今回の事故のあと、たくさんの科学者が出てきたが、いずれも専門馬鹿に近い。だから彼らに向かって、馬鹿な政治家に対してと同じく、「ケ・トント!」と叫ぶしかない。さあ皆さん御唱和願います、はいっ、ケ・トント! はいっもう一度、ケ・トント!

オデュッセイア号の一時帰港

五月二十八日

南相馬市警戒区域の住民たちの一時帰宅と歩調を合わせたわけではないが、わが家でも、十和田に行っていた息子の一家が三泊四日の予定で今日一時帰宅をした。あちらを朝の十時半ごろ出て、こちらに着いたのが夕方の六時半だから、約八時間のドライブである。息子たちがあちらで購入した軽自動車ではなく、長旅には楽な、兄神父の例のオデッセイ号で帰ってきた、つまりオデッセイ号の一時帰港である。

ブログで確かめてみると、「オデュッセイア号の船出」を書いたのが三月二十七日だから、ちょうど二ヶ月ぶりの帰港となった。十和田市では南相馬からの避難者としてなにかと親切にされ、船出時に密かに期待していたように、来年三月末までの期限付きながら、来月一日から市の臨時職員の仕事を世話していただくことになった。まことにありがたいことで、息子の自立への船出が現実的なものとなったのである。

もうすぐ三歳になる愛は、二月見ないうちに背も体重も増え、抱いて階段を昇ろうとして危うくこけるところだった。言葉もかなり増えている。耳がいいらしいので、じいちゃんの希望である日本語と中国語のバイリンガルになることも容易だろうし、絶対音感の持ち主だったら、ピアノをやらせようなどと思っている。友人のピアニスト菅祥久氏は将来レスナーを引き受けてやると言っている。

そうだ、ついでに宣伝しておかなければ。この菅さん（首相のカンじゃなくてスガと呼ぶ）がヴィオラの川口彩子さんと、六月十九日、四谷区民会館で東日本大震災のためのチャリティー・コンサートを企画している。趣旨に賛成して他の音楽家も協力、総勢十一人（ピアニスト三人、声楽家五人、ヴァイオリニスト一人、オーボエ奏者一人、ビオラ奏者一人）の豪華な演奏会になりそうだ。残念ながら私は行けないが、皆さんお近くでしたらぜひ足をお運びください。演奏曲目などは間もなく私のところまで送ってくれるそうなので、そのときは改めて紹介させていただきます、よろしく。

ところで三歳児の理解力や記憶力はどの程度なのだろう。私の場合、そのころの記憶は皆無といってもいい。辛うじて残っているのは五歳くらいからのものではなかろうか。電話で話してきたからじいちゃんばあちゃんのことは忘れてはいなかったが、でも最初のうちは恥ずかしそうにしている。徐々に記憶がもどってきたのか、それからは一気呵成に二ヶ月前に戻っていった。夕食後は、以前と同じく二階の祖父たちの居間に来て、ＢＳで録りためていた中国映画『小さな赤い花』（全寮制の幼稚園を舞台にした異色作）を見たがった。初め「ファン・シャン・シャン」という言葉を繰り返すので何のことか分からなかったが、主人公の男の子の名前「方槍槍」であることをやっと思い出した。それにしてもこんな小さいのに、中国語の発音の綺麗なこと、などと、さっそく親ばかならずじいちゃん馬鹿ぶりを見せて申しわけない。

再会初日、たぶん愛も今夜は疲れてぐっすり寝るだろう、じいちゃんの方もご同様だ。美子もいつもに増して上機嫌。原発事故のことなどすっかり忘れた幸いなる夜だった。

脱学校の試み

五月三十日

福島市や郡山市の小学校の異常な毎日を報じる記事を読んだ。窓を閉め切り、蒸す教室。窓側の方が放射線量が高いので（本当かいな?）、その不公平感を無くすために毎日列替えをしているなどなど。窓を開けても線量はまったく同じだという実験結果が出ているのに、それを信じようとしない親たちへの配慮からそうせざるを得ないらしい。

先日もここで「ちぢこまるの愚」という文章を書いたが、ここまでくるとやはり異常という外はない。不安と不信の底なし沼に足を取られている感じだ。そしてだれもその愚を諫めない。ここまでは安全という例の閾値をだれも知らないからだ。

こんな形で集団生活をさせるなら、放射線ではなくストレスで病気になる子が出てくる恐れがある。ここまで来たなら、いっそ事態が収束するまで、先日提案したように、いくつか選択肢を作って、あとは親の判断にまかせてはどうだろうか。つまり南相馬市とは事情が若干異なるが、毎日学校に子供を通わせたい家庭、教師の定期的巡回指導を条件に家庭学習をさせたい家庭、そのいずれかを選ばせる。もちろんいずれの生徒に関しても、今後長期にわたって定期的に健康状態のチェックを国の責任の元に実施する。万が一将来健康被害が出た場合はB型肝炎などの場合のように、訴訟を起こして初めて国が動くなんてことではなく、当初から無条件に国の全責任の下に子供の健康を守らなければならないのは言うまでもない。

これまた震災直後の時点で書いたことだが、たとえば閾値など基準が分からぬ事態においては、暫定的・限定的ながら、各自ひとまず自分なりの行為基準を打ち立てなければならないときがある。そして一度選んだ状況下にあっては、つとめて自由に、積極的にその環境を生きるよう努めなければならない。あたかも現在自分たちの生活を圧迫しているものが存在しないかのように（鷗外に「かのように」という短編があった）。

要するに、この非常時くらいは、教育というものを学校とか校舎・教室からもう少し広い場所や機会に開放することである。元教師のおじいちゃんやおばあちゃん、元教師でなくても子供の教育に関心のある多くの人を動員して、新しい角度から教育を見直す絶好の機会と捉えることができるのではないか。

その子たちにとって、この新たな経験が、将来必ず深い意味を持つようになるはずだ。それじゃ学級崩壊だと？　そう崩壊、それもいい方への崩壊、正しくは開放である。人類の歴史において、現在のような学校制度はたかだか百年ちょっとの歴史しかない。学校がないと無知蒙昧な人間が輩出する？　いやそんなことはないよ。元教師の言うことではないかも知れないが、日本のように学校依存型の社会は、均質な人間つまり金太郎飴型人間は作るが、「自分の目で見、自分の頭で考え、そして何よりも自分の心で感じる」人間を作るにはあまり役立たない、というかむしろ足かせになっていることの方が多い。

脱原発ならぬ脱学校のささやかな試みである。

ところで話はとつぜん変わるが、明朝、三泊四日の停泊を無事終えて、オデュッセイア号は台風二号に追いたてられるようにして避難先へと向かう。無事目的港にたどり着くことができるよう祈るばかりである。愛はもうすぐ三歳、教会幼稚園年少組に入園できるであろうか。

放射線より鬱陶しい

五月三十日　追記

眼に見えない放射線の下の息苦しさより、もっと鬱陶しい影が日本を覆おうとしているのか。今日の新聞（朝日新聞の速報ニュース）は、「君が代訴訟、起立命じる職務命令《合憲》最高裁初判断」

と淡々と（?・）報じている。いずれ社説や論壇などでそれぞれの見解を述べるのだろうが、注目したい。

歳のことなどふだんは意識していない。時に二〇代の若者に対しても同じ世代であるかのような錯覚にとらわれる男である。年寄りであることを盾に、相手に先輩面をしようとか、あるいは嚇しにかかろうなどとはさらさら思わないが、今回の判決を下した最高裁の判事たちに対しては人生の先輩として活を入れたい、いやはっきり言って罵倒したい。貴様ら、何を考えてんのか！と。

五月十五日の「内部へ進め（続き）」で、「大阪維新の会」とかいう府議団の馬鹿げた条例案について苦言を呈したばかりだが、今回の最高裁判決で彼らの動きは決定的な援護射撃をもらったことになる。面倒なことになってきた。ともあれ前回、言いたいことは言い尽くしたのでここで繰り返したくはないが、一言にまとめれば、私自身は愛国者であることでは他人に負けないという自負があるが、排他的で了見の狭い愛国主義は虫唾が走るほどキライだということだ。たとえばサッカーのワールドカップで日本チームが勝って日の丸が揚がり君が代が流れると、涙が出るほど感動して狂喜するが、いまもし私が東京や大阪の公立校の教員だったら、命を賭ける気はないが職を賭けてでも起立も斉唱も断わるだろう（なんてカッコいいこと言ったが、定年過ぎてました）。

以前、赴任したばかりのカトリック系の女子大で入学式のプログラムに君が代斉唱が入っているのに気付き、君が代を歌うならアヴェ・マリアにしましょうよ、と提案して通ったことがあった。ちょうどそのころ、沖縄の読谷高校で、一人の女子卒業生が校長の強引に掲揚しようとした「日の丸」を奪って、溝に捨てた事件の後だったか、その女子高生の悲しみを知って初めて問題の深さに気付いたからである。私はいつもオクテ（晩生）である。

日の丸・君が代の強制に反対するのは、思想・信条の自由とか、それらが歴史的にどのような役割を演じてきたか、という難しい理屈も大事だが、簡単に言えば、祖国愛という個人のもっとも内面の価値にずかずかと土足で踏み込まれることへの、ほとんど身体的とも言える不快感である。

多民族国家であるアメリカが国旗や国歌を使って国民の愛国心を涵養しようと腐心するのはある程度理解できるが、しかしそのアメリカでさえ基本的には立とうが歌うまいが自由である。たとえば一九七七年のニューヨーク連邦地裁は「国歌吹奏の中で、星条旗が掲揚されるとき、立とうが坐っていようが個人の自由である」と判断しているし、一九九〇年の最高裁は、「連邦議会（上院）が、八九年秋に成立させた、国旗を焼いたりする行為を処罰する国旗法は言論の自由を定めた憲法修正第一条に違反する」という判決を下している。

世界の他の国ではどうなっているか、と言えば（内閣総理大臣官房審議室および外務大臣官房儀典官室資料より）、

A　ヨーロッパの立憲君主国では学校での国旗掲揚や国歌斉唱をすることが殆どない（例　イギリス、オランダ、ベルギー、スペイン、デンマーク、ノールウェー、スウェーデン）。

B　ヨーロッパの共和国ではむしろ革命理念からの国旗国歌を強調することはあるが、例外もまた多い。たとえばギリシャ、イタリア、スイス、ドイツ、オーストリア、ハンガリー、旧ユーゴでは、教

科書などで国旗の規定はなく、学校行事で国歌が歌われることも殆どない。

時おり日本に対して強烈な愛国心を見せ付けるお隣の韓国ではどうなっているかと言えば、国歌を国民の慣習に任せ、政府が追認指示するのみで、正式の法律・勅令・大統領決定などで制定されてはいない。

放射線を被曝しても、たとえば甲状腺ガンになる確率は何万分の一だし、しかも発症は十何年後、しかしこの息苦しい判決は確実に私の呼吸を窮屈なものにしてくる。いやもっと悪い連鎖を運んでくるかも知れない。その連鎖を阻むためにはどうしたらよいか。原発問題が収束しても楽しい、心許せる老後が待っているわけではなさそうだ。しんどい。

■二〇一一年六月

踏み絵を作るな！

六月二日

もう梅雨に入ったのであろうか。朝から重苦しい曇り空で、気温もぐっと下がって、あわてて妻に厚手の股引（女性用にはそう言わないか）を穿かせた。私は面倒くさいので、先日取り替えたばかりのステテコ（とは今は言わないか）のまま我慢している。いや重苦しいのは、曇り空だけのせいではない。先日来、例の国歌斉唱問題がずっと重くのしかかっているからだ。

今朝の新聞各紙をネットで調べてみると、「読売」はすでに三十一日の社説で「最高裁の〈合憲〉判断は妥当だ」などというとんでもない論陣を張っている。やはりね、という感じだ。「毎日」や「東京」は少なくとも社説では扱っていない。他紙はどうなっているか調べるのも面倒だが、今どき社説に取り上げるのは野暮と心得ているのかも知れない。最近、私の中ではかつての信頼と輝き（？）を失ってきたきらいのある「朝日」はというと、さすがしっかり社説で取り上げていた。しかし偉そうに言うようだが、「司法の務め尽くしたか」という題のその社説を読んで真っ先に思ったことは、実に上品ですなあ、まさに謙抑的ですなあ、ということだ。

「謙抑的」などという見慣れぬ（私だけのことかな）言葉は、実は須藤正彦裁判長の補足意見の中に出てくる言葉である。社説に引用されている言葉をそのまま孫引きするとこうなっている。

「強制や不利益処分は可能な限り謙抑的であるべきだ」

あわてて辞書を引いてみると「謙抑的」とは〈へりくだって控えめな〉という意味らしい。でも国歌斉唱の強制は合憲という判決を下しながら、そんな補足意見が尊重されると考えたとしたら、それこそ机上の空論であろう。原発周辺の警戒区域にいちど「立ち入り禁止」という貼紙が出されれば、あとは例外など認められない鉄の規則として機能するとは以前指摘したとおりである。だいいちあのはしゃぎすぎの橋下知事ご一統にそんなささやくような補足意見など聞こえるはずもない。

私がいちばん怖いのは、わざわざ踏み絵を作ろうとするその心根である。かつてのキリシタン時代にわが国で行なわれた踏み絵は、他人の良心を弄ぶ非人間的な拷問の一種だが、しかしそれを案出した側の人間にとってはただの絵である。しかるに国旗や国歌を使って他人の良心を試そうとするやからにとって、それらはまさに神聖なもの、いわば物神化された神であるはずだ。つまり彼らは、キリシタン時代の役人より一ひねり捻った、そう倒錯的な心根の持ち主と言わなければならない。

あるところに或る陰険な教師がいた。彼は、生徒たちがカンニングする現場を捕まえるため、試験監督をしながら新聞を読むふりをした、そしてその新聞には密かに覗き穴が作られていた、という笑い話がある。この場合、カンニングをする生徒より、その機会をわざと案出する教師の方が、人間としてはるかに性質が悪い。

先ほど今どき国歌斉唱問題など野暮と思われているのか、と言ったが、今どきとは原発事故でそれどころではないのか、という意味で言った。しかし私にとって、二つの問題は地続きであり、同根なのだ。つまり煎じ詰めれば、二つとも「国歌と個人」という問題に行き着くからだ。換言すれば「国家はどこまで個人の意思を、自由を規制することができるか」という問題に繋がる。

念のために言うと、私はサヨクでもウヨクでも、チュウドウでもない。強いて言うならコンゲンハ（根源派）あるいはネッコハ（根っこ派）である。欧米の言葉で言えばラディカルだが、訳しようによってはカゲキハとなる。しかし面倒くさがりで臆病な私はいわゆるウンドウなどしたこともないし、恥ずかしいことにデモ行進に参加したこともない。六〇年安保世代だが出遅れたどころじゃない、そもそも政治的に動いたことなど一度もない。かつて学生運動を派手にやった人たちは今どうしてるんだろう、と懐かしく（悲しく？）思うことがある。あゝそれなのにそれなのに、こんな歳になって、つまり私が死んだあとの日本や世界のことを考えて、こりゃおめおめ死んじゃいられねー、と思い始めたのである。

数日前、雑居ビルにある飲み屋の帰り、階段を踏み外して、打ち所が悪くて死んだ大学時代の友人がいる。死病と言われる病気と闘いながら頑張っている先輩もいる。その人たちに較べれば、少なくとも口や手はまだ大丈夫。頭は？　まっもう少しなら使える。楽隠居なんぞもともとするつもりはなかったが、こんな世の中ではますます楽隠居なんぞしてられない。

埴谷雄高大先輩は「老人性ボレロ的饒舌」と自らを卑下なさったが、私にもその毛いや気があるので、本題に戻ろう。要するに他人の良心を試す、あるいは弄ぶ踏み絵を作ったり、踏ませたりするのはやめろ、と言いたい。だいいち気持ちわりくないかい？　不健全でないかい？　式典のたびに、良心を試されるという恐怖におびえる人が一方にいて、他方には目星をつけた相手が立つか立たないか、歌うか歌わないか、固唾を呑んで監視している人がいるなんて図は？

ここにはもう国を愛するなんて高尚な感情はひとかけらもない、ましてや意見を異にする人をもあたたかく迎え入れる度量もない。

今夜七時からサッカーのキリンカップ、対ペルー戦があった。密かに李忠成選手の出番がないか期待していた。いや特にファンというわけではない。しかし在日出身から日本国籍を取った彼の活躍は、日本人にとって日本人とは何なのかを考えさせてくれる存在、特に若い日本人にとって、と思っていたからだ。

要するに橋下ご一統がやろうとしていることは、まさにイジメだということである。教室ではなく府議会を舞台にしたイジメ。

皆さんも覚えておられると思うが、二〇〇四年の園遊会で、棋士で東京都教育委員会委員の米長邦雄（当時六十一歳）が「日本中の学校に国旗を揚げ、国歌を斉唱させることが私の仕事でございます」と述べたことに対し、陛下は「やはり強制でないことが望ましい」と答えられたそうだ。アメリカ大統領制よりかは現在の象徴天皇制の方がいいかも、といった程度の考えしか持たない私でも、人間として真っ当な考え方をする人だな、とは思っている。

やはりボレロ的になってきました。べつだんお酒を飲みながら書いてるわけではないけれど、今夜はこの辺でお開きにします。

樽と一杯のコーヒー

六月四日

私の目の前にある小型の印刷機や、ときには電気スタンドの腕や首のあたりに、小さな紙片がいくつかテープで貼られている。このごろ、いやずっと前から（生まれたときから？）、記憶力が減退して、思いついたことを書き留めておかなければならなくなったからである。晩年の埴谷雄高さんが、メモ用紙大の紙片に『死霊』などの創作メモを書いて、布団の上にまるでカルタのように並べている写真を見たことがあるが、私のはそんな大層なものではない。

ときどき、というか半分くらいは、後から考えてもなんのことか分からない呪文のようなものが多い。今日もそんな紙片が一枚机の上に乗っている。とりあえずそのまま写してみよう。

「本当に大切なものを実は持っていないのではないか。それは財産などとは違う。だからふわりと不安定な立ち方をする」

記憶の中をさぐってみると、たしかこれは震災後一週間ぐらいして、近所の人家の明かりが消えて、多くの市民がいつの間にか町を離れていったことに気付いたときの感想だ。簡単に言えば、なぜこの段階であたふた逃げ出していったのか、正直分からなかった。あとから聞くと、原発の爆発は発表より規模が大きく、政府や東電の発表は真実を隠している、早急に逃げ出さなければみな死ぬことになる、という噂が町中を恐怖に陥れたらしい。

そのとき漠然と考えたのは、もしかしてみんなは、命に代えてもいいような大事なものを持っていないのでは、ということだった。大事なものって何だろう、先祖伝来の屋敷だろうか、やっとローン返済が終わったわが家だろうか。いやそんなものは命を犠牲にしてまで守る値打ちなどない。それじゃ長い間住み慣れた、そして先祖の霊が宿る土地そのものだろうか。確かにそれらはとてつもなく大切なものではあるが、避難する人たちは一時的にせよそれらを捨てていくのだから、いちばん大切なものではないはずだ。他人様のことはいいとして、じゃ逆に聞くけど、お前自身はなぜ避難しようとしないのか。

避難行には耐えられそうにもない九十八歳の老母と、避難所生活など考えることさえできない認知症の妻がいるからだろうか。もちろんそれに違いない。しかし実を言うと、避難行に踏み切らなかったもっと深い理由がある。しかしそのとき、そこまで考えて踏みとどまったわけではない。後からつらつら考えた末にようやくたどり着いた思想のようなものである。といって言葉にするのは難しい。二つの先例に助けを求めよう。

一つはギリシャのキニク派の哲学者ディオゲネス。おやまあ恐ろしく古い例だことと驚かれるだろうが、だれもが知っている有名な逸話がある。彼は古い大樽を生活の拠点とし、アレクサンドロス大王が訪ねてきてもそこから動こうとはせず、逆に大王に対して陰になるからそこをどいていただきたい、と言ったそうな。つまり国の最高権力者に対してさえ自分の居場所を変えようとはしなかった。つまり……ちょっと繋がりを見失ったぞ……おのれの意に反してまでおのれの生活を、おのれの自由意志を……やっぱりうまく繋がりませんなー。だいいち自分を偉い哲学者に見立てるのが気に食わない。

それじゃもう一つの例。ドストエフスキーの地下生活者の次の言葉を考えてみよう。

「俺が必要としているのは、平穏無事というものだ。自分さえ無事でいられるなら、今すぐにでも全世界を一コペイカで売り飛ばしてやる。世界が破滅するか、それとも俺が一杯の茶を飲めなくなるか？　というなら、はっきり言っておくが、自分がいつでも好きな時に茶が飲めるためなら、俺は世界が破滅したって一向にかまわないのさ。」（光文社古典新訳文庫『地下室の手記』、安岡治子訳、二四五頁）

あゝここからなら話は繋がる。つまりこの地下生活者の言葉は一見暴言に聞こえるが、しかしよく考えると、実にいいことを言っている。つまり彼は、全世界より一杯のコーヒーの方が大事と言っているのではない。一杯のコーヒーを飲む〈自由〉は全世界と拮抗すると言っているのだ。つまり個人の自由は、全世界と等価である、それほど大切なものである、と。もちろん現実的に考えて一杯のコーヒー、そしてそれを飲む一人の人間のために全世界が犠牲になってもいいなどと言えば、それは暴言どころか完全に精神病理学の症例になってしまう。しかしよくよく考えてみるまでも無く、この世の中、個人の自由なんぞ屁（また言う！）ほどの価値もないとされているのではないか。

私たち一人ひとりが、自分の持っているとてつもない価値つまり自由、そして人間としての尊厳に気付き、それをもっと大切にするようにしたら、現在の日本に、私たちの愛する福島に起こっているとんでもない事態なぞもともと起こらなかったことではなかろうか、いや起きてしまったことは仕方が無い。ならばせめて、今の今から、愚かな為政者の意のままにあっちへこっちへ、まるで屠所に引かれる羊のように従順に従うのはやめよう。移動するにしてもはっきりとその理由、そしてその移動がいつまでのものかしっかり説明されるまでは梃子でも動かないくらいのプライドを持とうではないか。

もちろん双葉のおばあちゃんのように、あるいは不肖私のように、おのれの意志で留まる人の自由を最大限尊重する。そして万が一将来、健康被害が出たら、国の命令に背いたから補償しませんなどという姑息でケチ臭いことを言わず、無条件でその治療に当たる、そういう国、そういう為政者になってくれ。そういう国になったら、だれの命令でも強制でもなく、おのずと自然に、心から国を称える歌を歌いましょうぞ。

原発特需の過去

六月六日

四日ほど前、六号線から町の中心に向かう途中の「ココス」というファミレスで、スペイン語教室の生徒さん四人（といってもおばさんたち〈失礼！〉だが）と待ち合わせをした。三月十日（あゝ震災の前日だった）の最後の授業から二月ぶり（違う！　三ヶ月ぶりだ！）の再会である。うち一人は避難先の茨城から久し振りの一時帰省である。授業再開はまだ見通しがつかないが、その前に一度会って元気を出そうとの趣旨の昼食会である。

街中には適当な喫茶店も無いため、その店はけっこう待ち合わせに使われるようだ。その日も、昼食時であったことも手伝って、店の中はほぼ満席であった。どのテーブルも、私たちのように、久し振りの再会らしく、互いの近況を話し合ったり、メールアドレスの交換などに忙しそうだ。私たちの席でも賑やかに互いに近況報告が始まったが、そのうち震災後のいわば裏話めいたことも次々と出てきた。たとえば避難所にいた方が義捐金や賠償金の支払いが早いとか有利とかの理由で、自宅に帰ってもいいような人がいつまでも避難所生活を続けているなど。その他、突き詰めれば税金の無駄遣いのようなことが随所に見られるわけだが、彼らを非難する気にはなれない。そういう不安定というか、はっきり言ってさもしい心根（ちょっと言いすぎ）になっているのも、大きく言えば被害だからだ。

むかし東京に住んでいたころ、帰省の度に、町がなにか西部の町のようにざわざわと落ち着かない時期があった。今から考えると、それは二五キロ南の原発建設の特需景気で町が潤っていた時期だった。やたらバーが増えていた。原発現場から工事関係者たちが毎晩のようにタクシーを飛ばして一夜の歓楽を求めてやってきたからである。立地町村の大熊町や双葉町のとんでもない町外れにバーの看板などが今も残っているのはその名残りだ。町には不釣合いなほど大きく立派な体育館などが東電の金で作られた。町民にはなにかと「お小遣い」が分配された。

もう記憶が薄れてきたが、二〇〇二年に私たち夫婦が原町に戻ってきてすぐのころ、町村合併が始まり、原町市は北の鹿島町と南の小高町と合併して南相馬市となった。飯舘村は最後までもつれたが結局その輪から離脱した。賢明な判断だな、と当時も思っていた。それよりいちばん気になったのは、新たに合併する小高町が、その南の浪江町と一緒に、東北電力の新しい原発建設計画に賛成し契約を結んでいたことだった（年々延期されてはいたが。当初は二〇二一年の運転開始）。

町村合併は人間関係で言えば結婚と同じだとすれば、結婚前に相手の一方が他方に対して以後の生活に重大な影響を及ぼすような契約をしている場合、式を挙げる前に契約相手を交えて三者が契約継続か白紙撤回かを決めるために協議すべきではないか、とメールか文書で問題提起をした記憶があるが、もちろん何の反響もなかった。当時だれもそんなことを問題視する雰囲気ではなかったのである。しかし今でもその問題提起は、法律的にも正しく理にかなった問題提起だったと思っている。

また市から町会を経て回ってくるいわゆる回覧板には、定期的に東電からの原発宣伝・啓蒙のパンフレットが入っていた。一般企業の宣伝パンフレットを一方的に回覧するのはおかしいのでは、と抗議したところ、これは国の進めている事業ですから、との返答があったことを覚えている。つまり東電は国営企業の位置づけだったわけだ。

もうどこかに書いたことだが、立地市町村の長たちが、いまさらのように被害者顔をしていることに怒りを覚える。彼らは、事故隠しが発覚して一時運転を止めていた東電や県に対して運転再開を強く求めた長たちである。まずはおのれの不明を反省し、それを町民たちに率直に謝罪すべきではなかろうか。どこかでもうそれが行なわれていたのならいいが、そんなニュースを聞いたためしが無い。

今はその時期ではないのかも知れないが、できるだけ早いうちに復興は新しい長のもとに進められるべきではなかろうか。もちろんそれは町民や村民自身の意識の問題で、外からとやかく言いたくはないが。

要するに、今回の大震災（原発事故を含めて）では、本物の被災者と被害者が、まず反省や自己究明の必要な人たち（もちろん彼らとて被害者であることは間違いないが）と入り混じっていて、なんとなくスッキリしない。真の復興のためには、これからそのあたりをきちんと整理していく必要があるのではないか。今さらことわるまでもないが、このことは国や政治家たちにも言えることである。この国では、だれもが被害者で、責任者はどこにもいないという不思議な構図が性懲りも無く繰り返されている。

命より大切なもの

六月八日

いつごろからだろうか配達される新聞にかなりの数のチラシ広告がはさまるようになったのは。震災前だったら、それらのチラシはただわずらわしいもの、紙の無駄遣いにしか思えなかったのだが、不思議や不思議、震災後はそれらチラシが懐かしい友（ちょっと大袈裟か）のように見え出したのである。一週間ほど前にはスーパーの「おすすめクーポン　全部使えば一三二〇円の節約！」が入っていた。五〇品目のクーポン券、たとえば寿司コーナーの「東北産大豆ひきわり納豆巻五〇円引き」のクーポン券。

別に納豆巻を買うつもりはないが、要するに南相馬の市民生活はほとんどが震災前に戻りつつあるということだ。ところが「緊急時避難準備区域」という呪いがいまだ解けずに重く、暗くのしかかっている。たとえばここに市長宛の「私立中央図書館・鹿島図書館を早急に再開することに関する要望書」がある。要望者は「としょかんのTOMOみなみそうま」代表鎌田孝子さん。最後のくだりを引用しよう。

「市役所の皆さんは災害対策で日夜を分かたず、そして県内外にまで出向いて奮闘されているのは重々承知しているのですが、こういうときこそ市民の情報提供の場を提供することが市としての大事な仕事であるし、またこういう大変なときに市民のために図書館を再開したということは南相馬市民にとっては、誇りともなり市復興のエネルギーにもつながると思いますのでぜひ、両図書館の再開をお願いする次第です」。

実に真っ当な要望である。出されたのは先月の二十九日、詳しい経過は知らないが、結局この要望は聞き届けられなかったそうだ。理由は市の職員の人手不足ということらしいが、私の推測では、そして衆目の認めるところ、例の呪いのせいである。つまりほんらい避難準備区域では市民たちが生き生きと生活してはいけないのだ。日本郵便が総務省の縛りを解いてかなりの日が経つが、肝心の地方行政の中核は政府通達の呪縛からいまだに解けていない。だから市民は、まるで出戻り（ちょっと差しさわりがある喩えかも知れないが）のように、戻ってきてすんませんといった風に、肩身の狭い生き方を余儀なくされている。

外国の報道機関に対しては、中央政府糾弾の旗手だった市長までが、いまやこの縛りの忠実な実践者となっている。つまり市民がようやく元気を出して市の復興に乗り出そうとするその足を引っ張っているのだ。政府の覚えが悪くなるのを極力避けたいのであろうか。しかし気ーつけなはれやー、市民はこのことを忘れませんぞい。任期途中で辞めさせようなどと、まるで中央政府の愚挙を真似するつもりはないが、次の選挙にはしっかり評価しまっせ。

中央政府にしろ、わが南相馬の行政機関にしろ、或る決定的な間違いを犯している。彼らは二言目には、これらすべての指示・命令は国民の、市民の命を守るためだ、と言う。しかし命より大切なものがあることがまるっきり分かっていない。えっ命より大切なもの？ そんなもの無いじゃないか。それがあるんだなー。ここから哲学教室めいた話になるが、なにそんなに難しい話ではない。命って英語でなんて言う？ ライフ、そう。しかしそのライフを辞書で引いてごらん、大きく分けて二つの語義にぶつかるから。すなわち生物学的な意味の「いのち」と、もう一つは？ そう「人生」ライフ・タイムだ。命は人間だけでなくすべての生物が持つ。しかし「人生」は一義的にはただ人間だけが持つ。

飯舘村村民の置かれた状況がなぜあれほどまでに悲劇的なのか。それは彼らがまさにその「人生」を奪われたからだ。それは必ずしも田畑・家畜・家屋ではない。それらの中にこれまで享受してきた「生活」が危機に瀕しているのだ。それはかつての日々の笑顔であったり、人と人がかもし出す温もりであったり、その地に生きた先祖たちの記憶だったりする。

命が大事という単細胞思考の政府通達によって、そこどけそこどけ、とまるで鼻面を引き回される牛のように追い立てられることへの怒りや悲しみを理解できない政治家や役人たち。（ついでだけど飯舘の菅野村長、なかなかの人物ですなー、お友だちになりたい）。

前から言ってきたことの繰り返しになるが、ほんものの罹災地で起こっている悲劇に比べると、わが南相馬市に起こっているのは、一部のほんものの悲劇と、そして大部分の愚かで嘆かわしい喜劇いや茶番だ。心ある市民たちは怒ってますよ！　ほらそこにも沸騰寸前の湯沸かし器が、ほらあそこにも静かに体を揺らし始めた湯沸し器が！　気ーつけなはれやー！

いましもテレビからあの愚劣な福島応援歌が流れてきた。♪アイ・ウォンチュー・ベイビーふくしま♪　うっせーてめーらに応援なんてされてたまるか。おやおや八つ当たりを始めたよこの人。じゃ今夜はこの辺でお開き。

夢のまた夢

六月九日

たまたま見たテレビ画面に、何度か見かけた（やはりテレビ画面で）小柄で頭の禿げた男（これはたんなる容貌描写で悪意はありません）が総理官邸を訪ねる姿が映っている。わが町の市長さんである。なにごとかと見ていると、緊急時避難準備区域内に、飯舘村あたりと同じ放射線量の計測された土地が見つかり、そこの住民をどうすべきか指示を仰ぎに行ったらしい。ほうそうかいな、と見終わったが、しかしなにか釈然としないものが残る。

つまり同心円の線引きそのものがもはや現実を反映していないのはだれの目にも明らかで、その見直しを強く求めるための総理訪問なら話が分かるが、それにはまったく触れずに、新たに見つかった放射線の高い地域の扱いについてだけお伺いを立てるのが分からないのだ。実際にその地域で線量が高いなら、そこの住民の意向を聞いたうえで避難か残留を決めさせたらいいのに（そんなことくらい現場の行政長の判断に任せたらいい）、せっかく上京しての総理との指しの交渉で、線引きそのものの見直しを迫らないのはなんとしてもおかしい。

ところでうちのばっぱさんは、事態が収束してもたぶん十和田からは戻らないと思うが（兄の転勤などで十和田にいる理由がなくなったときは別だが）、ときどき国見の郷のおばあちゃんたちのことを思い出す。隣町の霊山の施設に引き取られていったおばあちゃんたちだ。ところが最近のモニタリングで、その霊山そのものが飯舘村と同じくらい線量が高いことが分かった。つまり南相馬から霊山に移した合理的な理由が無くなった。なのに南相馬市への縛りはまったく見直されないままである。

住民の八割は戻ってきているので、スタッフの確保はそうむつかしくはないはずだ。食料など物資の調達も問題ない。なのになぜ再開しないのか。簡単に言えば国からの補助金が絡んでいるからだろう。実状に合わない通達がなぜこれほどまでの拘束力を発揮できるのか、と言えばひとえに金が絡んでいるからである。

南相馬のことを心配してくださる全国の皆さんには申しわけないが、聞くところによれば国からの補助金などをめぐって、一部住民のあいだに不満がくすぶっている。私の知っている或る人は鹿島区に住んでいるが、地震・津波で家は半壊したため避難生活を余儀なくされたが、あの三〇キロラインの少し外に位置していたため、東電の賠償金がもらえないとか、私から見ても不公平でお気の毒なケースがある。

国民から巻き上げた上納金が、国民の実情に合った使われ方がされないばかりか、そのことが国民の生活を逼迫させているとしたら、民主政治はどこにある。それじゃ独裁国家の圧政とどこが違う?

しかし何度でも言うが、いまは戦時下、県なり市の長が、実情にあった賢明な行政を行なう絶好のチャンスなのに、この期に及んでもなお、愚かな中央政府への「陳情」しか思いつかないとしたら、地方分権などいつまでたっても夢のまた夢であろう。

サイヤの弁当

六月十日

ここ数日、また美子の動作が鈍くなってきた。階段の踏み台に足が一回では持ち上がらないときがある。歩行がままならず、手で支えてやらないとすぐふらつく。前のときは体を左に傾げるようにしていたが、今度は右に傾げる。おそらくこれで左右対称になるんだろう、と楽観的に考えるようにしている。自信があるわけではない。ただじたばたしても始まらないと観念しているだけだ。だから靴を履くとき、歯を磨くとき（昨夜から一人でできなくなった）、ともかくすべての所作に、専門用語で言えば視空間失認などの症状が現れるとき、以前だったらしょっちゅういらついていたが、今はそんなことは一切なくなった。特に急いでやる仕事なんぞない。なんならここでじっくり一時間でも待ってやるよ、と優しく励ましの言葉を言い続ける余裕が出てきた。

散歩の距離もこれまでの三分の二くらいに減らした。それで今日の散歩は夜の森公園の坂道を登るのはやめて、新田川川畔にした。ここいらは放射線値はどうなっているのだろう。草刈機を動かして土手の清掃をしていた三人ほどの作業員はマスクもかけないでいたから、たぶん低いのだろう。実はそんなこと気にしない、いや気にもしたくないのだが、昨日あたりのテレビでは福島市のある小学校では、通学路周辺の線量マップを作って親たちに配布しているそうだ。その地図を見ながら、あっちの道はこちらの道より〇・二マイクロシーボルト（でしたっけ、最近気にしないようにしているので、名前さえ忘れた、あっ思い出したシーベルトだ）低いから、あちらの道を行きましょう、などとまるで迷路ゲームみたいに道を選んでいるのだろうか。

しかし昨今では、そんな大事なことをゲームになぞ喩えようものなら、さっそくＰＴＡの方から苦情が届くかも知れない。新聞もテレビも、こうした動きに対して批判めいた報道はいっさいできないような雰囲気になってきている。しかしどう考えたって異様な光景であることには変わりがない。他にいい方法があるのか、と言われれば特に妙案があるわけではないし、私のような考え方（覚悟を決めて、ともかく元気に生きていく）を強要するわけにもいかないのが辛い。しかしこのままだと、心理的にどんどん追い込まれていかないだろうか。生活のいろんなところに悪影響が出ているに違いない。原発被害対策をめぐっての夫婦間の不和ならまだいいとしても、今日のコメントでも言われているような震災離婚にまでいったら事態は深刻だ。家庭内のことだから表面に出てこないが、放射線そのものの被害よりも、それによって引き起こされるこうした心理的影響の方が心配だ。

このごろ通学途中の学童たちの列に車が突っ込む事故が多発しているようだから、マップに気を取られて車に注意するのを忘れないでもらいたい。放射線を浴びての罹病率より、交通事故での死傷率の方が比較にならないほど大きいのだから。

散歩からの帰り道、サイヤという小型スーパーみたいな店に寄った。震災後かなりの期間店を閉じていたが、独り者や私たちのように老夫婦にとって、この店の再開は実にありがたいのだ。さて時間は？　午後四時五分前、そろそろいいだろう。つまりここの弁当類は、四時を過ぎると半額になるのだ。たとえば今日、二九八円の鮭弁当、三二〇円のとり唐酢豚風弁当がきっちり半額になる。スーパーより安い弁当がさらに半額になるのだからありがたい。

震災後しばらくは、というより息子たちが十和田に移ってからしばらくは、冷蔵庫に残っていたものや、支援物資を使って、夫婦二人分の食事を作っていた。慣れは恐ろしい（？）もので、炊事はいっこうに苦にならなかった。しかし四日ほど前からは、ここの弁当で済ましている。米は洗わなくてもいいし（洗うのじゃなく研ぐのが正しい）食器も洗わなくていいのはありがたい。でもやっぱ、冷たい水で研ぐ様にして炊いたご飯は弁当のごはんより数段美味しい。じゃおかずだけ買って、ご飯は家で炊こうか？　いやいや一六〇円出せば美味しい酢豚までついてくるお弁当はやめられない。とうぶんサイヤの弁当で生きてみよう。

幻の総理記者会見

六月十二日

今朝の新聞折り込みに県の自民党議員会のカラー顔写真入りの宣伝チラシが入っていた。「県民のいのちを守る　原発事故保証の早期支払いなど東京電力に迫る‼」とスーパーの安売り広告なみに、やたらビックリ・マークが踊っているが、こっちの方がビックリだ。今までさんざん原発事業を推進してきた政治家どもの、反省なき厚顔ぶりに腹が立つ。中央政治も地方政治もすべて後追い政治、未来創造の片鱗も見られない。以下、昨夜書き出したがとちゅう睡魔に勝てずに（美子のシャワーで少々疲れて）とうとう投げ出した偽首相記者会見を、自民党議員団への怒りを追い風にして続けることにする。

「……えー、一国の総理としてこの記者会見が最後の機会となりました。いま思い返しても国民の皆さんの負託に応えられなかったおのれの非力に臍を噛む思いしきりです。『春秋左伝』にありますように、ホゾはヘソのことですが、いくら身の軽い中国雑技団の名手であろうと、自分のヘソは齧れない、そのくらい取り返しのつかないことをしてしまったと後悔の念に捉えられているわけです。でも出べそならどうでしょう？　あれっ、なぜヘソの話になったんでしょう？　すみません、こころ千々に乱れて、早くも話が思わぬ方向に脱線しそうです。実はお話しする内容についてのメモは用意しませんでした。自分を追い込んで、ほんとうに言いたいことをこの土壇場で真心をこめて皆さんにお話ししたかったからであります。

昨夜、今日のこの記者会見のことを考えて眠れず、意識朦朧の中で、大震災発生以後、次々と繰り出す施策がすべて裏目裏目に、あるいは後手後手にまわってしまったのはなぜか、つらつら考えました。そしてようやくたどりついた結論は、あまりにも簡単なこと、つまり日本国総理の役を演じきるだけの覚悟ができていなかった、だから皆を引っ張る迫力に欠けていたということに遅まきながら気づき、自分でも愕然としたのです。

話は急に変わりますが（会場ザワザワする）、むかしロベルト・ロッセリーニ監督の『ロベレ将軍』という映画がありました。デ・シーカ演じる詐欺師が自分と容貌が酷似したロベレ将軍と間違われてドイツ軍に囚われます。自分はたんなる詐欺師だといくら言い立てても無駄でした。そうこうしているうち不思議な現象が起こります。つまり獄中のロベレは救国の英雄だという噂がイタリア中に流れるのです。詐欺師にとってはいい迷惑です。しかし民衆の祈るような期待にほだされて、いつしか詐欺師は民衆のためなら立派なロベレ将軍の役を演じきって死のうと覚悟するにいたります。そしてある朝、彼は死刑台の露と消えます。つまり言いたいのは、私は本物の将軍になったのに、この詐欺師ほどの度胸も覚悟もなかったということです。

そんなこんなで今回、四面楚歌の中、総理の座を降りる羽目に陥りましたが、しかしせめて最後の記者会見では言いたいことをしゃべろうと思ったわけです。いたちの最後っ屁ととられても仕方がありませんが、最後の最後に、忘れていた夢を語らせてください。ロベレ将軍の例で言いたかったのも、政治の世界にこそ必要な理想・夢を実現する勇気が私には欠けていたということです。或る私の友人の受け売りですが、スペインの哲学者ウナムーノは、生きるとは自分の小説を書くことだ、と言いました。昨今の政治家は、この私を含めてなぜ小粒になってしまったのか。それはこのロマン、理想主義が消えてしまったからではないでしょうか。

昨今の政治は、卑小な現実に足を引っ張られてばかりの糞（失礼！）リアリズムにまで堕落してしまいました。もちろん政治はしっかりと現実に立脚しなければなりません。しかしその重い現実を持ち上げるには、強力かつ持続的な理想主義がなければばかないません。現実政治の実態は、皆さんの目に届く国会中継を見ていただければ一目瞭然です。昔は、国会でも夢が語られました。政治家に夢を育む力があったからです。でも今は与党の私たちも、対立政党の議員の中にも、国の未来を描こうとするロマンが一かけらもありません。いやそんなこと評論家面して私が言うべきことではありませんね（そうだそうだという声、場内にこだまする）。急いで本題に戻ります。

いまとつぜん「狭い日本、そんなに急いでどこに行く」という昔の交通標語が思い浮かびました。そうです、こんな狭い列島で、原発を作るなどどだい愚かな話でした。事故が起こっても、大陸だったらいくらでも逃げ場所があります。でも狭い日本には避難場所がありません。福島市や郡山市の小学校の話はさすがに私も胸が痛みました。それでこんなことを考えました。思い切って言いましょう。これから先、明らかな因果関係が証明されなくとも、甲状腺ガンなど将来起こるかも知れないあらゆる放射線被害に対して、無条件に国が全責任を持つことを宣言します。辞めていく首相にその権限も資格もないことは分かってます。しかしこうして国民の皆様の前で、首相在任中の男が公に宣言したことは、たとえ法律的に無効だとしても、国民の皆さんのお力添えで、以後隠然たる効力を発揮し続けることを願ってやみません（ここでコップの水を一口、そのついでに目の端に溜まった水もさりげなく拭く）。

そのためには、現在日本が保有するすべての叡智を結集して、放射線被害の治療に必要なあらゆる手段開発に全力を傾けます。申し訳ありませんが、さしあたって必要性のない宇宙開発事業への出費などは凍結します。その代わりに将来必要となる病院や保養施設などを整備していきます。悪評高いカンポの宿などは真っ先にそのために整備し直します。万が一、つまり幸いにも、将来そんな施設が不要になった場合はどうするか、ですか？　もちろん今後の日本が目指すべき観光立国の資源としてじゅうぶん有効利用します。

要するに、今国民の皆さんが不安に思っていることは、もし自分たちと子供たちに将来、放射線被害が発症した場合、その手当てを国が本気で考えてくれるんだろうか、ということだと思われます。過去、わが国は、国が推進した事業で起こったさまざまな問題への当然の補償を、長い間の訴訟を経てしか認めようとしなかった嘆かわしい過去があります。遠くは足尾銅山鉱毒問題、水俣病、薬害エイズ訴訟、そしてB型肝炎訴訟……もうこんな愚かしいことは繰り返しません。原発事業は明らかに国策でした。ここから起こったすべての問題に対して、国は全面的に、いかなる例外もなしに、完全補償の義務があることをここに明言いたします。

万が一将来、わが子に、なんらかの病気が発症したとしても、完全な体制のもとで完全に治るまで、ゆったりとした施設で治療を受けられ、そこには小規模ながら優秀な先生方が教える施設内学校や娯楽施設があり、休日には泊りがけで親御さんたちがそこを訪ねることができるなら、今お持ちの不安はかなりの程度まで軽減されるのではないでしょうか。もう0コンマいくつのマイクロ・シーベルトの違いに神経を尖らすことも無くなるでしょう。

私は首相として、この原発事故被害に対する遺漏なきセーフティー・ネットを約束するものであります。そしてついでにお約束します、わが国の自衛隊は漸次、災害派遣隊に、そして国際救助隊に……えっ時間が来た、いやだってまだ途中……やめてよ暴力を振るうのは……」

（会場騒然の中、数人の屈強なガードマンによって首相は壇上から引き摺り降ろされる。テレビ画像が乱れ、あとは砂嵐が……）

第四の私（実存する私）

なにも偽総理の偽演説を解説するには及ばないが、ついでだから二、三関連あることを但し書きしておこう。

六月十三日

偽総理の話の中にスペインの哲学者ウナムーノの名前が出てくるが、なにを隠そう、このブログ『モノディアロゴス』の名付け親である。いやなにも彼が自らこのブログをそう命名したわけではなく（当たり前！　彼は一九三六年に死んでいる）、彼が自分の一群のエッセイを自ら造ったモノディアロゴスという言葉で呼んだわけだ。その意味はもう何度も言ってきたような気がするので、ここでは繰り返さない。彼は他にもいろんな言葉を作ったが、いちばん有名なのは、自分の小説をニボラと呼んだことであろう。ニボラ（nivola）とは小説（novela）と霧（niebla）とを組み合わせた新造語である。事実彼には、『霧』（一九一四年）という世界的に有名な作品がある（と言っても、日本ではあまり知られていないが邦訳もある。高見英一訳、法政大学出版局）。簡単に言えば、現実と虚構、現（うつつ）と夢、作者と作中人物が奇妙に入り混じった、従来の小説とは一味も二味も違った作品に仕上がっている。

その彼に「生きるとは、おのれの小説を書くことである」という言葉を文字通り生きなければならない時がやってくる。それは一九二四年、時の独裁者プリモ・デ・リベラの圧制に反対の立場を取ったため、国外に追放され、六年近くカナリア群島、パリ、そして西仏国境の町エンダヤなどで憂悶の日々を送ったときである。一九二六年パリで、自伝的小説『小説はいかにして作られるか』がフランス語で出版されるが、まさにここに彼の思想・文学の骨格が顕わに表現されている。つまり書くことと同時に進行していく事件と、登場人物と作者が渾然一体となっている。それ以前に書いた「おのれ自身を語る」というエッセイの中で彼は自作についてこう証言している。

「この皮肉な小エッセイの題名を見て、〈でもあなたは今まで自分自身についてしか語ってこなかったのでは！〉と言う読者がかならずいるだろう……しかし実を言えば、私が絶えず努めてきたことは、自分を超越的・普遍的永遠のカテゴリーに変化せしめること……私が研究するのは、私の自我、それも具体的・人格的な自我、生きて苦しむ自我である。自己本位だというのか。そうかも知れない。しかし利己主義に陥ることから私を救ってくれるものこそ、この自己本位なのだ」

人はこのウナムーノの言葉に、修善寺の大患後の漱石の「自己本位」と相通じる思想を読み取るかも知れない。

しかしここはウナムーノ論を展開する場所ではないので、彼の話はここまでとするが、私がこの「モノディアロゴス」でなんとか表現しようと思っていることも、このウナムーノのひそみに倣おうとしての、不器用な実践報告以外の何物でもない（おや偉そうに自分の話を始めたよ）。つまり起こったことのたんなる記述（この意味では日記と異ならない）が九八パーセントだとしても、少なくとも二パーセントは同時進行、うまくいけば先取りであろうとしている。喩えて言えば、船尾にできる航跡が九八パーセントだとしても、もう二パーセントは舳先にできる形のさだまらぬ波浪たらんとしているわけだ。

奥さんの世話、炊事洗濯などの家事をしながらほぼ毎日書くのは大変ね、と感心されたり同情されたりするが、ほんとうのことを言えば、もし書かなかったなら、日常ががらがらと崩れていく不安の中で、書くことで辛うじて生きる力とリズムを得ようとしているのだ。もっと格好よく言えば、書くことがすなわち生きること、となっている（やっぱちょっとカッコのつけすぎか）。

別の言い方をしてみよう。人間はけっして単体（?）ではない。さまざまな自己の集合体である。心理学で言う多重人格とは、たぶん違うことを言っているつもりだ。たとえば私は夫として、父親として、あるいは元教師としてなど、さまざまな自分を生きている……うーん、やっぱりうまく説明できない。退場願ったばかりのウナムーノにもう一度助けを求めよう……つまりふつう人間は大きく分けて三つの自分を生きている。これが自分だと思っている自分、他人が私のことをこういう人だと考えている（だろう）自分、そして最後は神あるいは絶対者から見た私。そう、この三つに尽きるかも知れない。しかしウナムーノはもう一つの自分を断固として主張する。つまり現実の自分がどういう自分であろうと、いつかはかくありたいと願う自分を要求するのである。

たとえば自分という人間が最終的な判定（キリスト教でいう私審判か）の場に引き出されるとして、

彼は上の三つの私によって最終的な裁きを受けることに抵抗するのである。なぜなら、たとえばこの女たらしの側面は、好色であった父親の血だし、あんなことをしたのは確かに私だが、でもそこまで追い込まれたには今まで受けた教育とか自分を差別した社会にもその責任の一端はあるのではないか、などなど。神様から見た自分？　実は俺、そんなのまったく分からない。分からない自分をこれがお前の真の姿だなんて言われても、ちょっと迷惑。しかしこうありたいと願う自分に対する最終判決なら、これはもう言い逃れなどできない。百パーセント責任を負わなければならない自分だからだ。で、私には、俺には、かくありたいと願う自分がいるの？　いやいやそれは、たとえば有名俳優になりたいとか、金持ちになりたいとかというのとは、ちょっと違う。いやまったく違うんだなあ。かくありたい、そんな自分考えたことない？　だとするとほんとうの意味で生きていない、とウナムーノさんは言うのだ。かくありたいと願う自分こそが、実存する自分だと言うんだなあ。

話は急に現実に戻るけれど、本当は、このことこそ、今回の大震災の中でみんなが考えなければならないことなんじゃないかな。真に生き始める絶好のチャンスなんだわさ。私たちにとって、三月十一日は新生元年。いままでのことはいい、これからが正念場。

ことは引退寸前の総理だけの問題じゃない、私たちみんなの正念場、新生への待ったなしの第一歩を踏み出すとき。九死に一生を拾った、死んだと思った自分に再び生きることが許されたんだ、と思ったらどうかね。（おやまあ、この人、急に目を生き生き輝かせてだれに向かって言ってるんだろう？話が説教調になってきたぞ。このへんで退散しよか）。

蛇足の蛇足

昨今、おかまとかおねえとか（その区別は私には分からないが）テレビにしきりに登場する。中にはまったくのゲテ物がいるが、しかし時に、おやと思うほど人間として面白い、そして魅力的な人がいる。それは彼（彼女？）たちが、女性であることに時に命を賭けているからだ。ふつう（？）の女性は女性であることに命なんぞ賭けない。女性であることに胡坐をかいている（あっ女性は胡坐はかかないか）。もちろん綺麗に見せようとお化粧はするが、女性であることを切願なんぞしていない。ところが彼らおかまたちは、女性であることを激しく願っている。それがかくありたいと願う自分だからだ。

あゝこの無神経さ！

六月十五日

ひさしぶりに、わが瞬間湯沸かし器が沸騰した。いや沸騰自体はいわば持病みたいなもので、むしろ恥ずかしいことなのだが。

津波被害が甚大な被災地であったことは間違いないが、どこの町だったか、見そびれてしまった。別に調べるまでもないだろう。なぜなら、いま問題にしたいと思っていることは、どこでも、この南相馬でも起こりうる、いやすでに頻繁に起こっていることに違いないからである。つまり震災後、三ヶ月が経って、まだ行方不明の家族がいる人たちについてのリポートである。今回、遺族年金や労災保険の遺族補償の支給を早めることが狙いで、行方不明者の家族からの申請を前提に、現行の「災害から一年」が「三カ月」に短縮されたのは当然の処置だが、役場でのその申請受付の場面に大いなる疑問というより、むしろ怒りを覚えたのである。

まだ肉親の遺体が見つからない人にとって、申請をすること自体が、すなわち事実上その肉親の死を認めることになる。だから申請にあたっては大いなる逡巡と苦しみがあったはずだ。そういう事情を考慮すれば、申請はできるだけ速やかに、しかも簡潔にすべき、というか身元確認が終わった時点で、くだくだしい説明やら「調べ」などしないで手続き完了とすべきではないか。

もちろんときにはこうした申請に不正があったり手違いがあったりする。しかしこうしたとき、愚かな役人（もちろん賢い役人もいる）がすることといえば、その不正を基準にしてハードルを高くすることしか考えつかない。それはちょうど学校で、一部の問題児に合わせて、やたら校則を厳しくするのに似ている。これをやると、良質の生徒までもやる気を失わせ腐らせる。

たとえば消防署や警察署で遺体捜索の手がかりを探しての質問なら意味があるが、補助金交付の申請時に詳しい「調べ」はまったく意味がない。つまり、申請者の身元がワレているのだから、たとえ後から不正が見つかったとしても、その時点で返還を求めれば済むことだ。いやそもそも、不正なことを企むやつは、そんな素人刑事を騙すくらい朝飯前だ。たとえば善良この上ないこの私（?!）でも、いくらでも騙せられる。

「えっ家内を最後に見たのはいつ？　それならはっきり覚えてます。避難所に行こうとして、二人で玄関を出たとたん、あっ父さん、たいへんな忘れ物したわ。私が、何を忘れた？　って聞くと、父さんの入れ歯、茶簞笥の上、って言うもんですから、そのとき初めて自分に入れ歯が無いことに気付きました。慌てて家を飛び出したんですから無理もありません。それで、いいよいいよそんなもの、って言ったんですが、いいから父さん、先に行ってて、あとからすぐ追いかけるから。で少し歩き始めたとたん……それが家内の姿を見た最後です（ここで涙をぬぐう）……ええ、先ほどからフガフガしてるのは入れ歯が無いからです、はい……」

話してるときの目を見れば嘘を言っているか本当を言っているか分かる？　あんた、自分を何様と思ってんの？　刑事とちゃうよ、市民のために専心努める公僕（あゝ今じゃ死語になったか）とちゃう？

いずれにせよ、ひとを端から疑いの目で見るその目つきがキライ。ついでに言うけど、郵便局であのゆうメールを出す瞬間がイヤ。「中は本だけですね？　手紙など入ってませんか？」「入ってません。ほらそこにちゃんと覗き窓作ってるでしょ」

でもぶっちゃけた話、万が一、そこにたとえば書き足りないほどの思いをこめたチョー長文のラブレターが入っていたとして、それがだれかの、あるいはお国の害になるっちゅうんですかい？　国民のたれべえさんが同じく国民のたれ子さんを深ーく愛してるという、なんともめでたい話とちゃう？

少子化のこの国に、もう一人可愛い国民（小国民とちゃうぜ）誕生の可能性を秘めた貴重なラブレターかも知れないのでは？　でも郵便局はいまは民営？　いやいや、震災直後の対応は、むかしと同じばりばりの国営企業みたいだったんよ。

いずれにせよ、今年は新生日本元年と心得て、あんじょう国民の世話しておくれやす（あらら、なんで関西弁になったり京言葉になったりするんだろこの人）

さまざまな訪問客

六月十六日

震災後、季節感が無くなったような気がしていたが、しかしこの数日、爽やかな天気が続いていて、まるで遅れてやってきた五月のようだ。

気がついてみると、このところ意識はほとんど原発事故から離れていた。南相馬三〇キロ圏内に放射線値の高いところが見つかり、その対応についてひとしきり騒然としていたらしいが。もちろんこれまでだって、戦場特派員意識でレポートをしてきたわけではないから、とりたててレポートする気にもならないでいた。

いやそんなことを言えば、もともと事故そのものの規模・正体について、詳しいことは何も知らないし、調べる気にもならないままだ。ただわずかな知識をもとに、自分なりに行動してきたに過ぎない。だからこのブログから、原発事故対策の具体例とか、収束への道筋とか、実践的・実利的な知見はなにひとつ得られないはずだ。

しかしそれなのに、この小さな、それまではまったく目立たなかったブログに連日相当数のアクセスが続いている。発端は三月二十二日の朝日新聞の写真入り記事、とりわけ翌日の東京新聞の佐藤直子記者の長文の、やはり写真入りの記事によって、全国のたくさんの人の目に、私たち家族の姿が映ったことである。別に演出したわけではないが、老母と幼い孫の写真が強いメッセージ性を帯びたのもその理由であろう。

けれど先にも言ったように、このブログそのものから実利的知識が得られないのに引き続き訪問者があるのはなぜだろう、と考えると（おやおや急に自己分析を始めたよ、このおっさん）、いま新たに発見された高放射線値のホット・スポットとはまったく反対の意味で、しかしその熱量では（?）じゅうぶん匹敵する強い怒りの、熱い憂国の、新しい連帯の絆が、このブログの周囲に生まれつつあるからではないか。

ネットへのアクセスだけでなく、電車と車を乗り継いで、そのホット・スポットの震源地であるわが陋屋、もっと正確に言うと、二棟続きのその旧棟の、その二階の、地震後まだきちんと整理されていない汚ーい（この形容詞は人間にも場所にも掛かります）老夫婦の居間に、いろんな方が訪れた。前後関係がはや怪しくなってきたが、支援物資を届けてくれたかつての教え子の仁平さんご一家、南相馬市への長期的支援プログラム持参の恩師故神吉敬三先生の次男乃三巳さんご夫妻とその勤務先のS大学の先生方、東京新聞の佐藤記者、朝日の「窓」に当事者としては面映いかぎりのブログ紹介をしてくださった浜田論説委員、同じ朝日の南相馬担当の川崎記者ご夫妻、映像作家の田渕英生氏、ルポライターの岡邦行氏、そしてつい数日前は「週刊現代」誌の記者広部氏と水品氏とカメラマン中村氏、今週末にはＮＨＫの鎌倉ディレクターとスタッフの皆さん、私と番組内対談を望まれている作家徐京植《ソキョンシク》氏、そして来週、メキシコでブログを読んでくださっていたＵＮＡＭの後藤丞希氏にお寄りいただくことになっている。

大震災・原発事故がなかったら、けっして実現し得なかった人間と人間のつながりである。あゝ何と摩訶不思議なるかな人生、あゝ何と玄妙なるかな人と人の出会い！

自分たちだけ動かないのはずるいと言われるかも知れないが（妻には慣れたソファーが落ち着くので）、いつか常磐線も開通したら（なにをもたもたしてる、あっそうか途中に原発事故現場があるんだった！）、このブログで知り合った皆さんにも、通りがかりに、機会があれば、この陋屋を訪ねていただくのが、この鬱陶しい（確かに天気は爽やかだが）籠城の中での密かな、そして元気の元となる私の夢である。

小休止

六月十七日

やっぱり一日書かないと、なにか心棒を外されたような、変に落ち着かない感じがします。いえ体調をくずしていたわけではありません。ちょっといつもとは違った時間の過ごし方をしていました。たとえば今日の午後はＮＨＫ「こころの時代」という番組で、在日作家・評論家・徐京植氏が私との番組内対談を望まれているというので、もちろん願ってもないお申し出、喜んで応じての拙宅での収録がありました。午後三時から六時ちょっと前までの実に内容の濃い時間を過ごすことができました。徐氏についてはほとんど知識が無く（お兄さん二人のスパイ容疑事件のことはぼんやり知っていただけ）、そしてもちろん徐氏の方でも、「朝日新聞」夕刊の「窓」（例の浜田論説委員の記事）を通じてだけ私を知っているという、お互いほとんど予備知識や先入観無し同士の対談でしたが、玄関でお迎えした瞬間から、まるで旧知の間柄のように自然に会話が始まりました。

時間が経つのも忘れるほど、いろんなことについてピタッと波長があった、しかも刺激的な対談になりました。もしかすると拙宅の外観から、小さな冷蔵庫に貼られた孫の愛の写真や絵入り（というか絵だけの）手紙までカメラに収めていたようなので、皆さんご自身が拙宅を訪問したような気になるかも知れません。

もう一つは、昨日の午後、「週刊現代」の編集部から、先日の取材をもとに作成された内容原稿がメールで届きました。以前ある新聞にインタビュー記事が出たことがありましたが、そのときは、確かに私が話したことだが、しかしそういう繋げ方をされると言いたかったこととはずいぶん違ってしまうな、と感じた経験があり、実は恐る恐る原稿を見ました。しかし予想が完全に外れました。つまりこれは確かに私が言ったこと、書いたことだが、こういう風に繋いでいただくともっと真意が伝わるな、という具合にまとめられていたのです。
そんなこんなで、この二日間、まるでブログを書いたような気持ちになってしまったのです。たぶん明日からまた通常通り開店します。

ディアスポラからあゝ上野駅まで

六月十九日

先日ここでご報告したように、徐京植氏との初対面の、しかも互いに相手をほとんど知らないままに、なぜ旧知の間柄同士のような対談に進むことができたのか。

氏に宛てた最初のメールで、私は考えようによれば実に不遜というか失礼なことを言った。まるで父違いあるいは母違いの兄弟（他に異父兄弟とか異母兄弟という言葉や、もっと露骨な日本語があるが好かないのであえて）に会うような気持ちです、と。といって白状すれば、私はこれまで身の回りに在日の知人はいなかったし、在日の友人もいなかった。さらに言えば、在日の歴史について正確な知識もない。それなのに、在日に対して、なぜか親しい、懐かしいような感情を持ってきた。いや、少年の私が朝鮮人の集落に生きていたような感じさえ持ってきた。もちろん錯覚である。

いや、今回、徐氏とお会いしたときに感じたあの親密な感じは、要するに私が現在置かれている状態が、どこか在日の人のそれと相通じるからではなかろうか。つまり今回の大震災とりわけ原発事故によってもたらされた精神的位相が在日のそれと酷似していることから来る親近性ではなかろうか。氏はディアスポラ（離散の民）という言葉を氏の思想のキーワードの一つにされている。換言すれば根扱ぎにされた人々（デラシネ）のことである。もちろん私自身は、ディアスポラにされること、デラシネになることに抵抗してきた。しかしそれは小状況にあっての抵抗であって、別の角度から、つまり俯瞰する視点から眺めれば、私もまた一人のディアスポラに過ぎない。少々キザな表現を使って「奈落の底」と言ったのもそのことと関係がある。

いやもっと巨視的な視点に立てば、東北それ自体が、近代日本発展史の中では常にディアスポラの位置に置かれ続けたと言ってもいい。富国強兵の時代には人買いも介入しての労働力として、太平洋戦争のときには最前線の尖兵として、列島改造論・高度成長の時代には集団就職組として、そしてGNP世界第二位の時代にはそれを支える電力エネルギー供給の拠点として、絶えざる収奪の対象であった。

おや、気のせいだろうか、井沢八郎の「あゝ上野駅」（関口義明作詞、荒井英一作曲）が聞こえてくるようだ。

どこかに故郷の　香りをのせて
入る列車の　なつかしさ
上野は俺らの　心の駅だ

くじけちゃならない　人生が
あの日ここから　始まった

チャンバラごっこ

六月二十日

十九日午後のチャリティー・コンサートの大成功、そして散歩の途次、コンビニで買ってきた今日発売の「週刊現代」の中の美子の笑顔を祝って、夕食時に沖縄のビール「オリオン」の三五〇㎖缶を二人で飲んで、久し振りに愉快な気持ちになっている。週刊誌の記事内容は事前に分かっていたが、たくさん撮られた写真のどれが使われるか実はちょっと心配していた。私が少々（ですかー？）太り気味に写るのは覚悟していたが、美子の「いい顔」が載ればいいのだが、と気にしていたのである。良かった、いい顔で写っていた、これで離れて暮している娘の一家や息子の一家に安心してもらえる。

さて井沢八郎の歌のその先は？　対談の最後のあたりに、徐氏にまたまた無理難題をふっかけてしまった。「徐さん、変なお願いだけど、日本のためにこれから先もずっと在日でいてください」。そう、いま考えても実に変なお願いである。徐さんは確かに私より一回り若いけれど、これから先ずっと生きているわけにはいかない。ただ私の言いたかったことは、日本および日本人がまともであるためには、もっと正確に言うと、日本および日本人というものが、けっして閉鎖的で独りよがりの在り方ではなく、他者に対して開かれた、寛容で懐の深い在り方であるために、在日という合わせ鏡は実に貴重だということである。

大震災の騒ぎをいいことに、なにやらきな臭い維新の風が吹いている。「維新」などと命名すること自体、いささか時代錯誤というか、もっと辛辣に言わせてもらえば、あんたちょっと大河ドラマの見過ぎじゃない、いまさらチャンバラごっこでもあるまいに? と言いたくもなる成り行きなのだ。大震災の中で、いわば根扱ぎの、ディアスポラの境涯に投げ出された者の視点、以前未消化のまま度々使っていた言葉では「末期の眼」から見れば、あるいはいささか戯画的に終末論的視点と名づけたもの(あらあら言葉だけは豊富だこと)から眺めれば、明治維新も平成維新もいささかスケールが小さ過ぎる。

先だっては、東北人である私の遠い先祖(かも知れない)アイヌ、さらには縄文人のルーツを話題にした。ぐっと現代的な例を使えば(いずれも実は詳しいことは何も知らないのだが)京都大原の住人、あの「猫のしっぽ カエルの手」のベニシアさんやサッカー全日本の李忠成君をも大きく包み込む日本人像がみなに共通する日本人像であって欲しいわけだ。

折りしも今朝の朝日新聞に、出光佐三の「日本人にかえれ」という揮毫が全面広告に使われていた。出光佐三がどういう経歴と思想の持ち主であったかは知らないが、震災後やたらこうした類のスローガンが飛び交い始めた。とにかく警戒したいのは、日本人というものをやたら矮小化する傾向である。坂本竜馬は確かに偉い男ではあったろうが、彼の眼差しが向かった先の日本は、欧米列強に伍する亜細亜の雄であったとすれば、それはいずれ軍拡競争の果てに太平洋戦争へと突っこんで行く日本から豪も抜け出せなかったものかも知れない。いずれにせよ、私たちが自分たちの子どもたちに指し示したい「くに」は、それがたとえいかにすばらしいものであろうと、過去の「黄金時代」に収斂されるものであってはならないのだ。

死者あまた上陸す

六月二十三日

小高駅近くの線路の上をまだ出征前の二人の青年が歩いてくる。確か半袖シャツ姿だったから、季節は夏だろうか。そんな写真を、作家眞鍋呉夫さんのお家で見たことがある。二人の青年のうちの一人は、小高を本籍とし、幼年時代から休みごとに小高の母方の実家に帰省していた後の作家島尾敏雄であり、もう一人はその九大時代の友人、やはり後に作家となる眞鍋呉夫さんである。昭和一六〜一七年ごろの写真ではなかったか。もちろんそのとき以来、レールは擦り減って何度も交換されてきたであろうが、しかし路線そのものは、その場から変更されることなく、その上を何十年にもわたって貨車や列車車両の数知れない通過を支えてきたわけだ。しかし今その鉄路は、その上をもう三ヶ月以上も電車が走らないまま冷たく横たわっている。昼日中は昆虫や小動物たちがその上を徘徊し、夜には錆付きはじめたその冷たい重いむくろを月光に晒しているのであろうか。

そんな光景を思い浮かべたにはわけがある。昨日、気になりながらしばらくご無沙汰していた眞鍋呉夫さんに久し振りにお電話さしあげ、しばらくお互いの近況を話し合ったからである。お嬢様の優さんのお葉書で、眞鍋さんが昨年九月末、背骨の圧迫骨折で入院加療のあと、自宅で回復期を送っておられることは知っていた。電話にはもしかしてお嬢様が出られるかなと思っていたら、直接先生が出てこられた。お元気そうですね、と言ったら、声だけはね、とのお返事が返ってきた。

ところで先生と呼ぶにはわけがある。いや正確には先生よりむしろ宗匠と呼ぶべきなのだが。話はだいぶ昔にさかのぼる。一九九一年夏のこと、眞鍋宗匠の捌きで、関口芭蕉庵を会場に数回にわたって行なわれた連句の会に夫婦で参加したことがある。そのときのことは、私家本『島尾敏雄の周辺』収録の二つほどのエッセイで書いているのでここでは繰り返さない。俳句などとはまったく縁の無かった私には、それこそ未知との遭遇だったが、実に得るところが大きかった。とはいえ、その後すっかり俳句とは無縁の生活に戻ってしまっているが、できれば死ぬまでもう一度、あの連句の会の濃密な文学体験をしたいと願っている。

とこう書きながら、実は本日捜索した二冊の本がとうとう見つからなかったことを白状しなければならない。探し始めても根気が続かないのである。美子を引っ張って一段一段休みながらゆっくりゆっくり階段を上がるときのように、本の整理も一冊ずつ一冊ずつ、長い時間をかけて整理してゆくしかないのかも知れない。

ところで前述のエッセイにも書いたことだが、その連句の会でヒットを連発したのは私ではなく美子の方だった。眞鍋宗匠にその日いちばんの秀句と褒めていただいた美子の句に、「充ちてたふるるイカのとっくり」があって、ビギナーズラックだな、と茶化しながら、本気で悔しがったことも今では懐かしい思い出になってしまった。

ともあれ、優さんのおハガキで初めて知ったのだが（弟子？　としては申し訳のないことだ）、昨年宗匠は二つも賞を取られていた。一つは句集『月魄《つきしろ》』（邑書林、二〇〇九年）で俳句界でもっとも権威ある蛇笏賞を、そしてもう一つも『月魄』によって日本一行詩大賞を獲得されたのである。つまり昨日から探していたのはその『月魄』と、もう一つ是非ご紹介したかった句が収録されている『定本雪女』（邑書林、一九九八年）だったのだが。

ただその蛇笏賞の受賞を知らせるネットで、またまた凄い句にぶつかった。

死者あまた　卯波より現れ　上陸す

である。氏の句には、「われ鯱と　なりて鯨を　追ふ月夜」というスケールの大きい句もある。喩えはいささか穏当でないかも知れないが、黒沢明『用心棒』の冒頭のシーン、つまり砂塵吹き荒ぶ街道で人間の腕を咥えて野犬が街道を横切るシーンを思わせる凄さがある。卯波とは陰暦四月のころ海に立つ波のことだが、どうして四月に死者たちが海から上がってくるのか、もしかして句集の中で解説されてるのかも知れないが、いま、大津波が襲った村上の浜や渋佐の浜で流されたあまたの死者たちのことを考えると、句の凄みがさらに加わるような気がして、これまた忘れられない句になりそうだ。自分に詩人としての素質がないことから来るやっかみのせいか、一般的に詩人や俳人に対していささかの不信感のようなものがある。つまり言葉と苦闘しての辛い作業をいいかげんなところで端折って、ちょこちょこと短い言葉を並べ、後は読者の深読みに任せるといった風の省エネ走法が好きでないのだが、眞鍋宗匠の句には積み重ねられた無数の言葉の凝縮を感じる、つまり一語一語が立って来る迫力を感じるのだ。

意外や意外！

六月二十五日

今朝の新聞第一面を見て、驚いた。原発避難者調査で、原子力発電を利用することに反対七〇％、賛成二六％、その他・答えないが四％だったという。驚いた。これをまとめた新聞（記者）自身は特に驚いている風には読めないけれど、私自身は実に驚いた。私の予想は、反対八五％、分からない・答えないが一五％で、賛成など一人もいないだろうと思っていたからだ。

私の予想通りだとしたら、どこかの知事さん、なんてぼかす必要も無いか、石原都知事なら、おっと間違えた、その息子の伸晃幹事長だ、またもや集団ヒステリーなどと言ったかも知れないが、実際のアンケート結果に彼がどう反応したかは知らない。たぶん妥当であると見ているか。あるいはどこかの新聞の編集委員氏のように、これは市民の成熟度を示す数値だとでもコメントしただろうか。

それで本当のことを言えば、このアンケート結果を見て、かなりきついことも言わなければならないので、偽校長、偽市長、さらには偽総理に倣って、今回は一人の偽避難者をでっち上げ、彼女（彼でもいいが）宛ての私信を装おうとしたのだが、その人物像設定がどうもうまくいかない。たとえば彼女はかつての教え子の一人で、だんなは東電の下請け会社の社員、子どもは高校生の長男と中学生の次男の二人、といった人物像を設定してみたのだが、彼女自身のイメージがはっきりしない。もちろん私は小説家ではないので、それは潔くあきらめ、個別に問題点を指摘することにしよう。

たとえば、新聞などの避難者の近況を伝えるコーナーに、おやまあ、といった避難者がいる。一例を挙げればわが原町区のように家屋損壊もなく、電気も水も通っているのに、相変わらず福島市の避難所で暮しているような人たちのことである。放射能が怖くてー、もう三ヶ月も家に帰れないでいるの、などと首を傾げたくなるようなことを言っている。私が身内なら、おいおいもういいかげん避難所ごっこはやめて、家さ帰ってこねかー、と言うであろう。

放射能が怖いことは事実だろうが、しかしそれ以上に、自分がいま新聞・テレビで連日放送されているもっともホットな話題の渦中にいることに不思議な安心感を持っているとしか思えない。「赤信号みんなで渡れば怖くない」の心理である。もちろん支援者からの親切、そしてそれまで触れ合うことの無かった人たちとの不思議な連帯感、それは確かにすばらしい、しかし一日も早く自分の足で、自分の判断で自立しなければならないのではないか。避難所に現在何万人の人がいるかどうかは知らないが、私の予想ではそのうちの一割、つまり十人に一人は擬似避難者ではなかろうか。

もちろん私には、そのような人を咎める気など毛頭無い。大きな括りでは被災者・犠牲者であることに間違いないからである。しかしその人たちのためにも、一日も早く自立への道に踏み出して欲しい。

社会というものは（もちろんそこには報道する側が含まれる）、一見親切で思いやりが深そうに見えるが、しかし本質的には傍観者で無責任なものである。被災者の実情を顔を曇らせて報道していたと思ったら、次の瞬間、瞬時に頭を切り替えて、時にははにこやかな笑みさえ浮かべて「さて次のニュースは……」と、あたかも何ごとも起こらなかったかのように、冷淡に次の話題に移れる人たちなのだ（もちろんそれは職業的訓練の賜物なのだが）。

ときどき若いお母さんたちが、将来この子が被災者だったということで差別されたり結婚できなかったりしたら可哀相、などと涙ながらに話す姿を見かける。それについてはだれも表立っては言わないが、そんな風評で差別してくる奴なんぞにこの可愛い娘をだれがやるもんかい！くらいの真の親心・気位を持って欲しい。つまりそんな世間の風評や冷淡さをものともしない、たくましい、そして魅力的な子どもに育てることの方が、はるかに大事なことなのだ。

と言った具合に、老婆心ならぬ老爺心から言いたいことはたくさんある。しかし今日は、先ほどの問題に戻って終わりにしたい。つまり被災者なのに、原発を今後も操業することに賛成する人たちにこれだけは言っておきたいのだ。以前、貧しい炭鉱夫の一家を描いた映画「我が谷は緑なりき」に触れて言ったことだが、彼らは一家を支えるために、今日もまた落盤の恐怖におびえながら地下道に入っていく。東電の社員も危険な作業だと分かっていながら、町には他の雇用が無いから、仕方なく原発現場で働いている。しかしそこには決定的な違いがある。つまり炭鉱夫の危険は自分ならびに同僚たちの死の危険だが、東電の社員の危険は（というより危険な作業は協力会社の社員がやるらしいが）、事故の場合、単に自分ならびに同僚たちの死だけでなく、たとえば今回の事故のように、自分たちと関係のない多数の人たちの生命や人生を奪う危険に繋がるということである。

正直言うと、今回のアンケート結果を見て驚いただけでなく、怒りをこめた悲しさを味わっている。それほどまでに東電に恩義を感じているのか、そこまで東電によって洗脳されているのか、もっと辛辣に言わせてもらえば、それほどまでに自分たちの生活のことしか考えていないのか、という怒りである。

こんな辛く悲しいことを、だれもあえて言わないのか、それとも言えないのか。

三つもいいことが

六月二十六日

今日は三つもいいことがあった。

一つ目は、西内君に関することである。嬉しいというかめでたいことなので、実名のまま話を続ける。実は四日ほど前、いつもの通りわが家に寄ってくれた彼、八月にやる菅さんたちのミニ・コンサートの根回しやら準備のことを話しているうち、七月は入院の予定なので、とふと漏らした。えっ入院、そこで彼が初めて病気のことを話した。それもガンだという。相馬市で全摘の手術をするけど、転移が心配だ、と。その場では、どうか負けないで頑張って、と言うしかなく、しかし彼が帰ったあと、久し振りに泣いた。

震災後、親鳥が子鳥に餌を運ぶように支援物資やら、自腹を切って何かと食料を持ってきてくれた。それだけでなく、東京から取材などで訪れる客人たちの案内役を買って出て、時には夜道を福島市まで送って行ってくれたこともある。それもすべて病を押しての献身であったと分かったからだ。

ところがである。なんと今日、精密検査の結果、それがガンではなく、しかも手術・入院はするが全摘をするまでもないことが判明した、というのだ。先日は、医者の説明を聞いていくうち、これはガンしかないなと早とちりしたわけだ。なにはともあれ、こんなにめでたいことはない。私の糖尿病にしろ、彼の（あんまり嬉しくて、なんという病気か聞き漏らした）病気にしろ、この歳では根治することはなく、これから一生付き合わなければならない病気だが、なーにこうなりゃうーんと仲良くしてやらーな。

で、二つ目は、帯広の叔父と上士幌の従弟が、先月に引き続いて、昨日の午後、帯広で合流して、日高自動車道を走って昨夜は函館に泊まり、今朝フェリーで青森に上陸し、陸路十和田のばっぱさんを訪ねてくれたことである。十和田に向かうトンネルの中から九十四歳とは思えないようなあっかるーい声で連絡が入った。そして無事十和田に着いてからはみんなでイタ飯を食べ、帰路、青森に向かう車の中から、またあっかるーい声で、サイコーっ、もう死んでもいい、などと電話をよこした。来月末のばっぱさんと叔父二人同日誕生日にもまた訪ねてくれるらしい。

そして三つ目は、ちょっと尾籠な話（でもエスカトロヒコな、つまり終末論的な話ですぞい）になるが、美子が大量にトイレットペーパーを使うことがあり、ために二階の便器が紙詰まりになってしまったことと関係がある。幸い、一階にもトイレがあるので切羽詰ったわけではないが、なんとか自分で直そうと、朝から針金のハンガーを棒状にのばして吸い込み口（？）に突っこんでみたが駄目。こういうときはヤフーで検索。するとありましたありました、いちばんいいのは百円ショップでも売っている「通水カップ」を使うこと、と。

通水カップはラバーカップから出来た和製英語であり、英語での正式名称はプランジャー(Plunger)というらしい。通称はいっぱいある。すなわちギュッポン、ボンテン、ガッポン、スッポンなど使用するときに発する音を擬音化した呼び方や、地方によってはズッコンやパッコン、バッコン、ヘプシ、カッポン、キュッポン、キュッポンキュッポンとも呼ばれるらしい。

ヘプシなどあのペプシが聞いたら激怒するかも。それにしてもあの簡単な道具に、付きもついたり多数の呼び名。たぶん店屋に買いに行くとき、なんとか説明しようとして、擬音語を各自工夫して出来上がった言葉だからか。でもちょっと多過ぎ。私はうろ覚えにスッポンは知っていたが、それぞれ個性的でんなー。

ともかく買い物から帰るやいなや、すぐ試してみた。するとと効果抜群、ズッコン、パッコンと二、四回やっただけで、大きな音を立てて汚染水が流れましたぞい。ちきしょーめ、原発の汚染水なんざこのカッポンさまで吸い上げちゃうぞー。それっズッコン、カッポン……なんだか楽しくなってきたぞ、さっ皆さんも手つだってー、それズッコン、パッコン、ズッコン、バッコン……。

記憶の尻尾

六月二十七日

先日、眞鍋呉夫さんのことを書きながら、その風貌を伝えるために、すでに他界した二人の名優を足して二で割ったような方、と言おうとして、肝心のその俳優の名前が思い出せなかった。いや片一方の俳優はなんとか思い出せた。『七人の侍』の寡黙な剣の達人を演じた宮口精二である。しかしもう一人の俳優の苗字の最初の字が三であることまでは分かったのだが、どうしても思い出せなかった。酔っ払いをやらせると、右に出る者のいないあの名優なんだが……。

昔から物覚えは悪い方だが、最近は特に固有名詞がすっと出てこない。美子の一挙手一投足も、こちらの言うことが伝わるまでえらく時間がかかるが、しかし一度その回路を切ってしまうと、あとでなかなか修復しないのでは、と最近は何度も同じ言葉を根気よく繰り返すようにしている。それと同じで、思い出せないものがあった場合、いちどその回路を切ってしまうと修復に時間がかかると思っている。といってそのときはどうしても思い出せずにあきらめたのではあるが。ところが、今日になって思いがけないときにふいに回路が繋がった。そうだ三井だ、そして名前は弘次だ、と。ネットで調べると、二人を足して二で割るのはどんぴしゃりだったと再確認できた。そしてついでに、宮口精二の息子さんのお嫁さんが、用賀のインターナショナルで美子の同僚であり、夫婦して確かオーストラリアに移住したことまで思い出した。時間がかかったが、まだ記憶力の方は大丈夫らしい。

それから探していた眞鍋さんの『月魄』はまだだが、『雪女』(冥草舎、一九九二年)が意外と近くにあったのを見つけた。そして先日、眞鍋さんの句を評して、『用心棒』の冒頭シーンを思わせると書いた、その元となった句をそこに見つけた。こういう句である。

棺負うたままで尿《しと》する吹雪かな

ものすごい句だ。確か『用心棒』では、葬儀屋(棺大工?)を藤原釜足(＊文末参照)が演じていた。おやおや、思い出す俳優はみんな鬼籍に入った人たちだけ、私も歳をとったということなんだろう。藤原釜足、と言っても今の人は分からないか。子どもたちとズビズバーと歌たった爺さん、と言おうとして、あっあれは左卜全だったと思い直した。で、その釜足さんが一九三六年、沢村貞子と結婚するが、十年後離婚したということを、今回初めて知った。まっ、そんなことどうでもいいか。ついでだから、その『雪女』の中にある凄い句をいくつか並べてみようか。

月光に開きしままの大鋏

びしょぬれのKが還ってきた月夜

鹽酸の壜で火の玉飼ふ少女

唇《くち》吸へば花は光を曳いて墜ち

唇よりも熱きダナエの土ふまず（ダナエ＝ギリシア神話で父アルゴス王に青銅の部屋に閉じ込められたが黄金の雨となって流れ入ったゼウスと交わり、英雄ペルセウスを産んだ）

凄みがあると同時に、濃厚なエロティシズムが感じられる句が多い。私など絶対にたどり着けぬ境地である。こうやって次々と好きな句が並んでいるのだが、きりがないのでこの辺でやめておく。ただ最後に、今回の大津波で亡くなった子供たちを想って、この一句。

死んだ子のはしやぐ聲して風の盆

＊このブログの読者、川島幹之さんから以下のコメントが寄せられた。ありがたい。私の記憶の方も修正しておきます。

〈「用心棒」の棺桶大工は藤原釜足氏でなく、渡辺篤氏です（現役の俳優に同姓同名がいますが、もちろん別人で、故人です。「七人の侍」では百姓に餅を売ろうとする行商人を演じています）。念のため。ちなみに、「用心棒」の藤原釜足氏は最後に気が狂ってしまう名主役でした。〉

今こそ白紙撤回を！

六月二十八日

南相馬市役所の企画経営課から「震災復興へ向けた市民意向調査票」なるものが送られてきた。B4判4ページのアンケートである。住まいの被災状況から今後の町づくり、そして最後は今後の放射線への安全対策について問うている。西内君のところには届いていないということだから、無作為抽出で送られてきたものであろう。アンケート用紙そのものが最初間違って十和田の方に送られたというミスについては、目をつぶろう。しかしどうしても看過できないのは、震災後初めて市民の意向を調査するにあたって、肝心要（かなめ）の問いがなされていないことである。

「今後望まれる将来像は?」なんて、その問いへの明確な回答がなされないうちは答える気にもならない。今後十年先、二十年先の町の未来なんぞ、そのことがはっきりして初めて明確な像を結ぶものである。で、その問いとは何か?

先日の「週刊現代」でも言っておいた通り、南相馬市が原町市を中核にしてその北隣りの鹿島町、南隣の小高町と合併するときに、もっとも重要な案件をはっきり市民にも伝わる形で議論しなかった。

つまり旧小高町とその南隣の浪江町がすでに東北電力と原発設置契約を結んでいたことを、議論しないまま合併に踏み切って今日に至ったというわけだ。今日、電話で市会議員X氏に聞いてみると、べつだん曖昧にしたわけではなく、その原発設置が現実のものとして迫ってきた際には、改めて討議するという一項をいわば担保として議事録に記録したというのだ。しかしこれもおかしな話だ。代議員制という民主主義のルールに沿っているとはいえ、そもそもそういう大事な問題点を市民に明らかなかたちで知らせないできたのは問題だ。

しかし今は、すでに過去となったことについてとやかく言うつもりはない。行政の側にも、そして市民の側にも、そのことが実は飛び切り重要な問題であると認識していたのはほんのわずかな人たちに過ぎなかったからだ。しかし私が今問題としたいのは、まさにこれからのこと、これからの町のあり方を決定的に左右することである。

風のうわさでは、佐藤福島県知事は脱原発宣言を用意しているとかしていないとか。私に言わせれば、なにを今さらだ。わずか二年前、核燃料リサイクル交付金計六〇億円と引き換えに、三号機のプルサーマル実施を承認したのはこの佐藤雄平ではなかったか。これまで脱原発を明言してこなかったのはその負い目があるからか。しかし県民にとってはまったく迷惑な話だ。

ともかくこういう腰砕けの（テレビでは終始作業衣で神妙な顔つきをしていたが）知事でも脱原発宣言をしないよりはした方がいいが、しかし県知事が遅まきの宣言を発したところで、それにどれだけの拘束力があるかどうかは甚だ疑問である。つまり南相馬を構成する旧小高町そして浪江町が東北電力と交わした契約は、法的にはいまだ有効であり続けており、三者が、つまり南相馬市と浪江町と東北電力が改めて協議し、継続か白紙撤回を決めないかぎり、南相馬はこの先もずっと原発立地自治体予備軍のままでい続けなければならないわけだ。

もしかすると、東北電力の方では、いまはそっとしておいて、いずれほとぼりが冷めたころ、さりげない風を装って契約履行を迫る魂胆かも知れない。東北電力、東京電力……つまり日本中に存在するすべての巨大電力会社は、一九五一年、東京電力は関東配電と日本発送電の共同出資で、そして東北電力は東北配電と日本発送電の共同出資で、そしてずーっと南の九州電力は九州配電と日本発送電の共同出資で出来上がった会社である。さて質問です、これら巨大電力会社に共通しているのは何でしょう?

はいそうです、皆に共通しているのは日本発送電、略称日発(にっぱつ)でーす。これは電力の戦時統制を目的とした国策会社である。要するに日本中にある電力会社はすべて腹違いもしくは種違い(嫌な日本語ですけど、こいつらには使いたい)というわけ。つまり生まれも育ちも葛飾柴又、おっとこれは寅さん、生まれも育ちも半分は国策会社というわけでんなー。

だから、ポーズだけの知事さんの脱原発宣言なんざ、一つも頼りにならない、ここは民主主義の王道、つまり市民側からの粘り強い問題提起と意志表示によって民意を示し、原発設置の証文を白紙撤回に追い込まない限り、またぞろゾンビ復活ということになりますぞい。そう、幸い今は、この南相馬は日本全国から注目されているとき、その応援をいただいて、この機を逃さずに市民の意思を明確に表現すべきではないか。

みなさん、そんなわけで、どうか原発設置契約の白紙撤回を求める微力きわまりない私たちの主張が現実的な力となりますよう、ぜひ応援お願いいたします。

嗚呼已んぬる哉！

六月二十九日
今朝のこの季節はずれの（何？　例年とさして変わらぬ？）猛暑の中で感じているのは、神をも恐れぬ不遜な表現を使えば、この国が真に覚醒するには、今回の原発被災の規模でもまだ足りなかったのか！　という暗澹たる思いである。嗚呼已んぬる哉！
いま無念さを何とか表現しようとして慣れない言葉を使ったが、そこでもう噛んでしまった無様な私。つまり「やんぬる」の「已」が「自己」の「己」なのか、それとも「巳年」の「巳」なのか分からなくなり、虫眼鏡で辞書を引いて、それら二つとも違う「已」の字だとようやく分かった次第。
いやいやそんなことはどうでもいい。実は二日ほど前から、気候不順のためか疲れのためか、腰を痛めて、なかなか辛い毎日。ただいわゆるギックリ腰でないので、歩くことは歩くが、歩行ままならぬ妻を連れてスーパーなんぞを歩く姿は、横這いの夫婦ガニ、それも年取ったカニそっくり。なーんて自虐的な言い方はやめよう。

それもこれも、わが瞬間湯沸かし器が沸騰するでもなく、ただグドグドと（こんな擬音語無いか）低音のまま揺れ動いていることのいわば前振り（すみません、これ芸人用語でした）。

そう、言わずと知れた電力各社の株主総会のこと。だから言ったでしょう、「日本は一つ、みんなで頑張ろう！」なんて、まったく意味の無い掛け声だって。要するに株主たちだけでなく、日本中のかなりの人が、世界を、日本を、投機家の目で見てるっちゅうことですばい。いや残念なことに日本人だけじゃありません、世界中のかなりのパーセンテージの人が、物事を株主の、投機家の目で見てるということです。それがベース。その上を宗教的、教育的、文化的……いろんなトッピングで飾り立てているだけ。「…的」の極め付けを言いましょうか、そ・れ・は「平和的」っちゅう飛び切り甘ーいトッピングでんな。いまも世界いたるところで繰り広げられている「和平交渉」なるものの中身は……そう、投機的思惑でんがな。「投機」とは、もともとは「禅宗で修行者の機根が禅の真精神にかなうこと、師家の心と学人の心とが一致し投合すること」だったのに、世の中堕落しましたね。

実を言うと、この株主総会のことが報じられる前、つまり昨日、玄関のブザーが鳴って「……新聞でーす」と販売店の人が契約更改に来ましたです、はい。腰をいたわりながら玄関に出て、いつもの通り契約更改時にいただける粉石鹼、いや洗剤、が欲しくて、危うくハンコを押しそうになりました。でも思わず出た言葉は「えーと、今回は少し考えさせて下さい」でした。自分でもビックリしました。その新聞は、少なくとも私の中ではもっとも良心的で公平な報道を続けてきた新聞でした。それに心から信頼する友人さえ内部にいます。でも最近、分からなくなってきました。なにか事件があると、頭はなくとも体力自慢のテレビ各局のリポーターよろしく、他社に負けじと「何も考えないで」とりあえず「現場」に駆けつけて書いたような、「中身スカスカ」の記事が増えてきました。

ここ数回、このブログでも親愛なるコメンテーター諸氏が新聞批判というより幻滅感を吐露されておられます。なんとも嘆かわしい事態です。

報道の客観性とはなんでしょう？　新聞記者はヤジロベエでも風見鶏でもありません。自分の眼で見、自分の頭で考え、自分の心で感じる人間のはずです。たとえば、自分と信条・思想のまったく違う大物のインタビュー記事を書かなければならないとします。出来上がった記事を見て、当の大物は、「うーんこれは確かに自分は言った、あっこれも言った、でも何か変だなー」と思いながら、もともと頭が悪いもんですから、どこが変なのか分かりません。でも鋭い読者は、というより大物よりまともな読者は、記事全体がこの大物の豪華なダブル（とは今は言わないか）の中身をバッサリ切っていることを読み取ります。

さあ、そんな名人芸をすべての記者に期待するのは無理でしょう。でも私は数少ない優れた記者たちを信じて、現在の契約期間いっぱいの今年の八月まで態度保留とします。さしずめコメンテーターの一人澤井さんなら、「お前一人が購買しなくたって、大新聞の懐はビクともしないぞー」と天井桟敷から声を掛けさせるところですね。

書いてるうちに、不思議や不思議、腰痛がなんだか消えたようです、はい。

■二〇一一年七月

地域再生の物語を！

七月一日

今まで取材を受けるときでも、すべて私たち夫婦のきったなーい居間にお迎えしていた。それは夫婦にとって大震災発生時の状況を分かっていただく「現場」だし、ふだんの生活空間でもあるからだ。しかし今日のこのものすごい暑さで、二階はサウナ風呂状態。さすがに今日は客人を迎えるのは無理。幸い新棟の一階居間には古いながらエアコンがあるので、まず美子を午前中そこに避難させた。

今日の取材は、先日このブログのコメント欄で挨拶いただいたジャーナリストでスペインTVのプロデューサー、ゴンサロ・ロブレードさん。といってインタビューはスペイン語ではなく日本語で。つまり彼は何十年も日本や中国に住んでおられるので、日本語が堪能。途中から、氏の取材期間中、いろいろとガイド役をしてくれる西内君も交えていろんなことを話し合った。ただし本番というか撮影は明日、今日はその準備なのだが、そんなことにおかまいなく、実にいろんなことを話し合った。

完成時にはスペイン国営放送で放送されるその番組がどういう「物語」を持つのか、私たちには謎だがそれだけに興味がある。いずれにせよ、南相馬がスペイン語圏に紹介されるのは初めてではなかろうか。これからの若い世代が、自分たちはスペイン語圏の人たちにも関心を持たれていると意識することは、彼等が広く世界に目を向けるきっかけとなるはずで実に意義あることなのだ。

ところで今「物語」という言葉を使ったが、先日のライフの話につながっている。つまりライフ、以前トントというスペイン語を覚えていただいたついでに、今回はビーダ（vida）というスペイン語を覚えていただこうか。ヴィーダではなくビーダ。つまりスペイン語にはBとVの区別がなく、VもBの発音となる。ときどき文豪セルバンテスをセルヴァンテスなどと表記する人がいるが、あれは間違い。ともかく言いたかったことはビーダには生物学的な（biologica）ビーダと伝記的な（biografica）ビーダがあり、人間にとって本質的なのはもちろん人生、つまり伝記的なビーダである。

物語とビーダの関係はもうお分かりと思う。つまり人間が生きるということは、ウナムーノという思想家によればおのれの小説を書くこと、つまりおのれの物語を作ることなのだ。個人レベルでも言えることは、町のレベルでも、国のレベルでも言える。つまりこの南相馬の真の復興は、たんに経済的な復興ではなく、町の物語を創出することなのだ。もしも私に小説家の才能と素質があれば、大震災後に少年期そして青年期を迎える一人の少年あるいは少女の物語を書くであろう。それが町の経済的復興よりはるかに重要な、つまり内面からの復興に繋がるからだ。

どの国、どの歴史も国造りの物語から始まっている。小さいころ、私のバイブルは下村湖人の『次郎物語』であった。そういえば昔、「理想的人間像」が教育界のみならず広く国民的な関心事になったことがある。しかしいつの間にか話題にもならなくなった。それはその像があまりにも理想的（ちなみに観念的も同じく英語ではidealとなる）、つまり肉と骨を備えた（これもウナムーノの表現）具体的な人間像ではなかったからであろう。

その意味では昔の「修身」の教科書は、といって見たわけではないが、具体的な人間像を提示するという点ではなかなか理にかなっていたわけだ。しかしたとえば楠木正成など、或る独善的で偏狭な国家イデオロギーに沿って選ばれたストーリーだったという意味では、それこそ偏向していた。

ロブレードさんの今回の取材の意図は、この町に育った若者たちが、十年後、二十年後に、この記録映像を見て、あゝ自分たちはこういう経験の中でこういう道筋を生きてきたんだと分かるような映像にしたいとのこと、つまりそこに自分たちの人生の「物語」を読み取れる作品にしたいとのことである。その趣旨には双手を挙げて賛成したい。

カルペ・ディエム（この日を楽しめ！）

七月二日

一昨日あたりから、ハードディスクの不具合（こういう場合いつも面倒を見てくれるYさんに直してもらったが）、スペイン・テレビ番組の取材などがこの猛暑の中で続き（前日より少しは温度が低かったので撮影は二階居間にしてもらった）、それが無事終わったと思ったら、今朝からは注文していたスキャナーが届いたのでパソコンに繋ぐ作業に没頭。いや別に没頭しなくてもよかったのだが、これがなかなかうまくいかなくて文字通り頭も体もそれでいっぱい。ＣＤソフトでインストールし、付属のケーブルでパソコンに繋いだのだが、表示内容は忘れたが要するにドライバーが機能しないとかいうメッセージが出て、スキャナーはうんともすんとも言わないのだ。

ＵＳＢケーブルの接続の問題かも知れないと、重い体をベランダの外に出し、なんて書くと他人の体みたいだが、つまり腰痛治りかけの不自由な体を外に出し、パソコンの裏側を膝を折って背をかがめて点検して再接続したのだがやはり駄目。あげくはお客様相談センターに電話し、ものすごく丁寧な若い男に相談したが、ガイドブックにある対処法以上の秘策があるわけでもなく、これも無駄に終わった。そんなこんなで午前の時間はあっという間に過ぎた。

なにをぐだぐだ言ってるって？　つまりこうした作業は、これまでだったらさほど苦労もせずにクリアできたのだが、この歳になるとものすごく大変な作業に思えるということ、もうこの種の作業はここらあたりが限界だということである。昔なら……やめた、愚痴になる。ところがである。昼食後、ダメモトでもう一度接続したら、な、なんと、欲しかったメニュー表示が出てきた！　どういうわけなんだろう、つまりは接続不良だったんだろうが、午前中はそれと同じことを何度も繰り返したのに。こうなると、機械にも悪意があるかも知れぬ、などと考えざるを得ない。

ともあれこれで一件落着。三時過ぎ、このところサボっていた散歩のため、夜の森公園に出かける。ゆっくり坂道を上がっていくと、さすがに汗ばむ暑さだが、頂上（？）はそれでもいくぶんか涼しい。いつもの石のベンチで休む。中央の壇上にあった一メートル弱の銅製の姉と弟（あるいは兄と妹だったか？）の像は修繕のためか持ち去られたままなのが、なんとも淋しい。ロータリーのはるか向こう側に老人二人が椅子に座り、その前に幼女を連れた二人の女性がなにやら楽しそうに話している。こちらからは見えないが、老人たちの側には犬がいるらしい。

久し振りに聞く幼女の笑い声。美子の顔にも心なしか笑みが浮かぶ。するとその二人の主婦と女の子がロータリーを回って近づいてくる。すぐ右手の坂道を下るためである。ところが孫の愛よりも少し幼いその子が、笑顔で踊るように、手でしなをつくりながら近くに来たかと思うと、バレーの踊り子のように回転した。私たち夫婦のために踊って見せたらしい。上手ねー、と声をかけると、顔をこちらに向けたまま、体を折って踊りのポーズを決めた。次の瞬間、ピンクの可愛らしい服がくるりと向きを変えると、お母さんとその友だちらしい女たちの後を追って去っていく。

そうだよ、放射線など気にしないで、思い切り遊んでおくれ。あなたのお母さんたちは、たぶん覚悟を決めたんだろう。放射線から遠く逃げることができないんなら、もうそんなこと気にしないで、この時を、この季節を、この微風を、この瞬間を楽しもう、と。カルペ・ディエムというローマの詩人ホラチウスの言葉を久し振りに思い出した。そうだよ、この日を、この時を、この刹那を楽しめ！明日は明日の風が吹く。この間のことも辛い日々だったけれど、この先だって分からない。なら、先のことをくよくよ思い煩うよりも、この流れゆく一瞬一瞬を精一杯楽しもう！　利那主義？　そう言いたきゃそう言ってもいいよ、でもこの一瞬の中に永遠があるとしたら？

幼い肉声が坂道を降りていく。急に視界がぼやけ、鼻筋が熱くなった。あの幼女はいつか思い出すだろうか、曇り空の公園のベンチに坐って自分の踊りを見てくれたあの老夫婦を。すべての思い煩いから解き放たれて、一瞬の中に永遠をかいま見たあの老夫婦のことを。あれは大震災のあった年の夏の初め、公園を囲む土手に、むらさき、薄むらさき、そして薄いピンクの紫陽花が咲いていたあの午後の公園のことを。

三人の孝さん

七月三日

南相馬に私と同姓同名の人が一人いた。なぜ過去形なのか、それは追い追い分かっていただける。

だいぶ前に見た映画『世にも怪奇な物語』(一九六七年)はエドガー・アラン・ポーの怪奇幻想小説を、フランスとイタリアを代表する三人の監督が競作したオムニバス映画である。第一話「黒馬の哭く館」はR・ヴァディム監督でJ・フォンダが主演、黒馬に乗り移った男の魂が令嬢を死へと誘う物語。第二話「影を殺した男」は監督L・マル、主演はA・ドロン。同姓同名の男の存在に脅かされるウィリアム・ウィルソンの末路を追った一編。第三話「悪魔の首飾り」はF・フェリーニが担当。酒で人生を持ち崩していく俳優の前に現れる少女の幻影の物語。

いずれもポーの原作を見事な映像作品に仕上げていて興味深かったが、とりわけドッペルゲンガー(ドイツ語で分身の意味)の恐怖を描いた第二話が印象に残る。自分の分身であるドッペルゲンガーに出会ってしまうとその人は死ぬという話。だからというわけではないが、以前町の電話帳を見ていて、同姓同名の人が一人いることがなんとなく気になっていた。もちろんどんな人かまったく知らなかったし、格別調べようとも思わないできたが。

ところが今日の午後、めったにしないことだが、自分の名前でネットサーフィンの真似事をしていた。すると今回の津波による死者の中に同姓同名の人が一人いるではないか。南相馬市萱浜愛原の人となっていたから、電話帳の人に間違いない。年齢八九歳。見ず知らずの人とはいえ、同姓同名であったことは浅からぬ縁であることは否定できない。どんなおじいさんだったのだろう。家族は？ どんな最後だったのか……生前は一面識も無い人だったが、以後、私の「死者たちの記録」に三月十一日を命日とする死者として、私の生きている間、記憶され続けるであろう。

そしてさらにサーフィンをしていくと、南相馬市にもう一人同姓同名の人がいることが分かった。電話帳には載っていないが、農協のネット新聞「ＪＡｃｏｍ」に拠ると市の商工会議所で指導員をしている人とあった（だとすれば西内君のかつての部下？）。昭和三五年生まれだから今年五十一歳。原発が操業を開始したときには十一歳で、広大な海と田んぼを見て育ってきた世代だ。彼は震災後、町の復興を目指す商店主たちの指導にあたってこうも語っているそうだ。「その風景ががれきと、打ち上げられた船で埋まった。これからどういう国にするのか、問われていると思う」。

この佐々木孝さんは商店主らと、行政任せの町づくりではなく自分たちがビジョンをつくることが大事だと話し合い、「この地域で生きていくためのあり方」を探っていきたいと考えている。

かくして南相馬市の三人の佐々木孝のうち、八十九歳の孝さんは無念にも津波に呑まれ、七十一歳の孝さんは緊急時避難準備区域という奇妙な地域で今日も怒りのメッセージを発信し続け、五十一歳（たぶん）の孝さんは、町の復興を目指し日夜健闘しているわけだ。最初の孝さんには合掌そして安らかなる成仏を、そしてあとの二人の孝さんには心からなるエールを！

もしもさらに子供の孝ちゃんでもいれば、この町の佐々木孝の輪が未来へと繋がってゆくのだが……。

震災と神（の場所）

七月六日

早朝、不意に目が覚めた。なにやら夢の中でしきりに震災と宗教について考えていたようだ。周囲が少し明るくなってはいるが、枕元のケータイを見ると、まだ四時半。美子をトイレに連れていってから、また寝た。不思議なことにまた同じ夢を続けて見たようだ。次に目が覚めたときは、もう九時ちょっと前になっていた。そんな遅い時間に起きたのは最近では珍しい。腰痛の後遺症（？）で疲れが出たのか。ところで夢の方だが、どうしてもその内容が思い出せない。どちらにしても手ごわい問題と格闘していたわけだ。

伏線はあった。先日のロブレードさんのインタビューで、この問題に触れたからだ。もしスペイン人が同じような震災に遭ったとしたら、当然宗教が前面に出てくるであろう。中には石原知事みたいに、これを天罰ととらえる人もあるだろうが、ともかく大多数のスペイン人は、わが身に降りかかったこの災難からの救済を神に祈ったであろう。また震災後、神父や修道女たちが被災者たちを慰める場面がここかしこに見られたであろう。

日本人もある時代までは、天災やら人災（たとえば大火や戦禍）による惨憺たる被災状況を前に、ときには愛する人たちが波にさらわれるという最悪の状況の中で、神や仏に祈った。もちろん「神も仏もあるもんか！」という叫びを挙げたかも知れないが、それとて神頼みの裏返しの表現であり信仰の一つの形態ではある。

ところが今回の震災に際して、私の知る限り、宗教的な捉え方をする人や被災者の救済（とりわけ魂の）に立ち向かう宗教者の姿はほとんど見られなかったのでは、と思う。東北の町々にも、平常時には、たとえば「ものみの塔」などの貼紙や戸口訪問などあるにはあるが、少なくともこの深刻な事態を前にさすが神の怒りを言い出せなかったのか、表立った活動は控えていたようだ。

ロブレードさんの問いかけに対しては、今回の震災に際してどうも宗教が立ち入る隙間というか、もっとはっきり言うと、神様の場所がなかったように思える、と答えざるを得なかった。呆然と立ち尽くし、だれをも（神をも）呪詛せず、じっと悲しみを堪える様は、確かに欧米人から見れば、沈着冷静で我慢強い日本人という印象を与えたはずだ。

このカメラの向こうにかつての同僚である修道女たちが見ていたら悲しむであろうが、と個人的な事情（?）を前置きにして私が言ったのは、現在の私の既成宗教批判の立場からすれば、こういう場合に安易な神頼みは感心しないが、かと言って現在の日本人に、既成宗教の神や仏でなくてもいい（？・）、たとえば玄妙な大自然の摂理に対する畏敬の念や、人間の浅知恵をはるかに超える秩序への畏怖の感情が消えてしまっていたとしたら由々しき事態だ、それこそ私の言う魂の液状化ではないだろうか、と。

つまり、もっと辛辣に言えば、現在の日本人にとっての神は、政府であったり大企業であったり、あるいは生活の利便・安定という、矮小でその場限りで、結局は頼りにならない三流の神だとしたら、由々しいどころか、まさに終末論的な世界に堕落しているのでは、と憂慮せざるを得ないのだ。

もしかすると、事態は放射線禍以上に深刻なのかも知れない。

「魂の重心」という言葉——解説に代えて

徐 京植

二〇一一年三月十一日の大震災と原発事故（「3・11」と略す）の直後から、この経験をどう考えるべきか、どんな言葉で語ることができるのか、私は考え続けていた。自分に何ほどかの想像力と思考力が備わっているのだとすれば、そのすべてを注いでこの経験の意味を考え、なんとしても言葉にしなければならないと思っていた。ＮＨＫの鎌倉英也ディレクターから、「こころの時代」という番組の「私にとっての3・11」というシリーズに出演しないかと提案されたとき、即座に受諾したのは、そんな思いのゆえだった。

だが、ただ福島に行くといっても、どこに行くのか、誰に会えばよいのか、朝鮮学校を訪ねることのほかは、ほとんど何も決まっていなかった。ごく短時間、被災地の上っ面を撫でただけで、したり顔で語るような真似だけはすまいと私は肝に銘じていた。3・11以後、巷に溢れた決まり文句のうちで、もっとも空疎で浅薄だと私が思うものは、「被災者から元気をもらいました」というものだ。それは結局、悲嘆の底に突き落とされた人々から、悲しむ権利、絶望する権利すら奪うことではないか。

かれらの悲嘆の深さに、じっと想いをいたそうと努めるべきではないのか。間違っても、自分が「元気」を得るために被災者を消費するようなことはすまい。

しかし、どのようにして？……考えあぐねていたとき、新聞の小さなコラム（朝日新聞六月二日夕刊「窓」）が目に止まった。いや、正確にいうと、「魂の重心」という言葉に、心をとらえられたのだ。この特異な言葉に込められている意味は、本書中の「雨の日の対話」（四月二十日）に語られている。

3・11以後、真率な言葉に出遭うことはほとんどなかった。重心を失った言動ばかりが溢れ返った。そういう私自身も例外ではなかった。あからさまな気休めに心が傾きそうにもなった瞬間もある。だが、原発のすぐそばといえる場所を動かず、「魂の重心」を低く保って、「自分の眼で見、自分の頭で考え、自分の心で感じよ」と私たちを叱咤している思索家がいるというのだ。「この人を訪ねてみよう」私はすぐに鎌倉ディレクターに提案した。

郡山から飯舘村へ至る道の両側は、六月の雨に濡れて、猛々しいほどに木々が繁っていた。だが、車を停め、放射線量計をもって車外に出ると、たちまち東京の数十倍の数値を示した。田に人影はなく、雑草が生えるにまかされていた。南相馬市に入り目的地に近づくと、木造の簡素で清潔なキリスト教会が見えた。屋根には地震で損害を受けた跡が残っている。付属の保育園があるらしいが、子どもたちの姿は見えない。

あらかじめ訪問の約束はとってあったが、佐々木孝先生のお宅に向かう私は身を固くしていた。寡黙でやや偏屈な、求道者か在野の哲人のような人物像を想像していたからだ。なにか気まずいことになろうと、身を低くして学ばなければ、と自分に言い聞かせた。

玄関に現れた佐々木先生は、私の想像とは正反対の人だった。導かれて二階の居間にあがると、奥様が椅子に座っておられた。挨拶もそこそこに、さっそく先生のお話が始まった。国家と個人、人間の自由と尊厳、それをもっとも深いところで（ラジカルに）考えるということ、ほとんど共感することばかりである。私は最初の緊張を忘れ、長く異邦をさまよった挙句ようやく言葉の通じる人と出会ったような安堵を覚えた。

不器用に相槌を繰り返しながら、私は内心、先生の驚嘆すべきサービス精神に感銘を受けていた。その片鱗は、たとえば本書の「或る終末論」（四月十一日）に見ることができる。ユダヤ・キリスト教思想における終末論とスカトロジー（糞尿譚）とを結びつけてみせる学識もさることながら、このような苦境にありつつなお、このように他人を楽しませる軽妙さを発揮することができるのは、なぜだろうか。それが、自称「悲観論的楽観論者」の真髄なのであろう。たんなる悲観論者である私などには真似のできないことだ。

だが、私の想像を付け足すならば、ここでは終末論が排泄のご苦労に結び付けられているように読めるが、ほんとうの順序はその逆ではないかということだ。つまり、先生と認知症を患っておられる奥様にとって、排泄という日々の営みの苦労が終末論的な相貌を帯びているのである。そのような日々の困難は、本書では控えめにしか語られていない（たとえば五月五日「玩具のハンマーで殴らせる」）。あくまで軽妙なその語り口を痛々しいと感じるのは私の悪い癖だとしても、そこから「元気」

や「癒し」だけを得ようとするのは恥ずべき消費であろう。

そんな念押しをした上で言うのだが、先生と奥様のもとを辞去するとき、私の脳裏には「愛の巣」という、この場合まったく不適当な言葉が浮かんでいた。しかし、たしかに先生が「籠城」しておられる居室は濃密な「愛の巣」であったと、いまも感じている。

原発事故からおよそ三か月後の六月十一日、相馬市の酪農家が「原発さえなければ」と堆肥舎の壁にチョークで書き残して自殺しているのが発見された。あとにフィリピン人の妻と二人の幼い子が残された。六月二十二日には南相馬市の緊急時避難準備区域に住む九十三歳の女性が、自宅の庭で首を吊った。ひらがなの多い遺書は「お墓にひなんします」と結ばれていた。九十三年という歳月を生きた女性が、人生の最後に、ほとんど唯一の意思表示として残した言葉がこれであった。これは、日本近代史に対する、ひとつの痛切な総括である。震災後、福島県での自殺率は例年をはるかに上まわっているという。この死者たちが、原発事故という人災の犠牲者であることは疑いない。行政や企業の責任ある者が、誰か一人でも駆けつけ、恐懼して弔意を表したのだろうか。

私のような凡庸な悲観論者でなくとも今となっては誰もが知っていることだが、原発禍は今後数年、数十年と続く。3・11という終末論的な出来事が、浪漫的な叙事詩としてではなく、個々の人間をすり減らす日々の困難としてのしかかってくるのだ。多くの人々が忘れたり無関心になったりした後になっても、それは続くのである。本書の書名は「原発禍を生きる」と決められたそうだ。ああ、なんと困難なことだろう。私は信仰のない者だが、いまは文字どおり祈るような気持ちで願う。佐々木先生と奥様が、これからも続く苦境をよく生き延びられることを。そして、先生がそのサービス精神に包んで差し出される切実な言葉が、私たちの「魂の重心」となることを。

二〇一一年八月一日　東京の西郊にて

（ソ・キョンシク　作家・東京経済大学教授）

原発禍を生きる

二〇一一年八月二〇日　初版第一刷印刷
二〇一一年八月三〇日　初版第一刷発行

著　者　佐々木 孝
発行人　森下 紀夫
発行所　論創社
東京都千代田区神田神保町二－二三　北井ビル
電話　(〇三) 三二六四－五二五四
振替口座　〇〇一六〇－一－一五五二六六
URL　http://www.ronso.co.jp/
装　幀　野村 浩
印刷・製本　中央精版印刷

ISBN978-4-8460-1101-7

佐々木 孝（ささき・たかし）

一九三九年北海道帯広市生まれ。上智大学外国語学部イスパニア語学科、同大学文学部哲学科卒業。清泉女子大学、常葉学園大学、東京純心女子大学教授などを歴任。専門はスペイン思想・人間学。定年前に退職し、故郷の福島県南相馬市原町区に転居、現在に至る。主な著書に『ドン・キホーテの哲学―ウナムーノの思想と生涯』（講談社）、『モノディアロゴス』（富士貞房名義、行路社）など。訳書にオルテガ『哲学の起源』（法政大学出版局）、同『ドン・キホーテをめぐる思索』（未来社）、マダリアーガ『情熱の構造』（れんが書房新社）、ビトリア『人類共通の法を求めて』（岩波書店）ほか多数。

なお著者は現在もホームページ「富士貞房と猫たちの部屋」(http://fuji-teivo.com) で発信を続けるほか、『モノディアロゴス』シリーズをはじめ20数冊の私家本（呑空庵刊）を作っている。

本書には、歌詞（歌い出し）からの引用がなされていますが、本書は著作権法第32条（引用）に該当する著作物で、引用は「公正な慣行」に合致し、「目的上正当な範囲内」で行なわれています。